钟南山创新奖
轻松发明 100 例

罗凡华　著

清华大学出版社
北　京

图书在版编目（CIP）数据

钟南山创新奖·轻松发明100例 / 罗凡华著. — 北京：清华大学出版社，2021.8
ISBN 978-7-302-56196-5

Ⅰ.①钟… Ⅱ.①罗… Ⅲ.①创造发明—青少年读物 Ⅳ.①G305-49

中国版本图书馆CIP数据核字（2020）第143455号

责任编辑：许治军
装帧设计：鞠一村
责任校对：王荣静
责任印制：宋 林

出版发行：清华大学出版社
      网　　址：http://www.tup.com.cn, http://www.wqbook.com
      地　　址：北京清华大学学研大厦A座   邮　　编：100084
      社 总 机：010-62770175   邮　　购：010-62786544
      投稿与读者服务：010-62776969, c-service@tup.tsinghua.edu.cn
      质量反馈：010-62772015, zhiliang@tup.tsinghua.edu.cn
印 装 者：三河市天利华印刷装订有限公司
经　　销：全国新华书店
开　　本：210mm×285mm   印　　张：20.75   插　　页：2   字　　数：533千字
版　　次：2021年8月第1版   印　　次：2021年8月第1次印刷
定　　价：109.00元

产品编号：087350-01

推进青少年创新

志在实现中国梦

钟南山

二〇二三年七月九日

编辑委员会

　　"钟院士，可以用您的名字为青少年设立一个发明创造奖吗？"这是 2013 年 7 月 9 日中国青少年创造力大赛组委会主任罗凡华见到钟南山院士时的第一句话。

　　为什么要用我的名字设奖？设奖有什么作用？奖金从哪里来？奖励对象是谁？如何评审？如何发奖？中国青少年创造力大赛是一个什么性质的比赛？青少年可以发明吗？哪些学校重视发明创造？学生有什么样的发明？学生发明后申请国家专利的情况如何？……

　　钟南山院士一共提出了数十个问题，待罗主任全部作答后，钟南山院士欣然签署了两个重要的法律文件。

　　在《关于设立"钟南山创新奖"建议》文件上，钟南山院士批示："同意设立'钟南山创新奖'，可使用本人姓名及肖像。"

　　钟南山院士亲笔题字："推进青少年创新，志在实现中国梦。钟南山二〇一三年七月九日"。

　　从此，轻松发明体系开启了"钟南山创新奖"时代。钟南山创新奖成为中国青少年创造力大赛的组成部分及重要标志，是国际知名的创造者奖项，颁发的所有奖章由"钟南山创新奖"等文字和钟南山院士肖像组成。

　　2015 年 8 月 12 日，中国青少年创造力大赛组委会在广州南国书香节上接到上级通知，中共中央政治局委员胡春华将要与青少年发明创造者和文学创作者见面，希望钟南山院士也一起和青少年交流。中国青少年创造力大赛组委会主任罗凡华和全国青少年冰心文学大赛组委会主任安永军一起去邀请钟南山院士参加这次见面会，钟南山院士看了一下工作日程，已全部都排满了，但他却说："无论什么事情、什么会议，都没有与青少年见面重要。"经与身边工作人员反复协商，终于将一场中日韩一年一度论坛上的主旨演讲，从当天早上 8 点调整到上午 11 点。钟南山院士说："我可以早上 7 点去和青少年朋友见面吗？我 10 点再赶往中日韩论坛，这样就可以安排 3 个小时的时间与青少年交流发明创造成果了。"

2015 年 8 月 14 日，在活动现场，有记者问钟南山院士：“您作为一个在医学领域从事研究的科学家，为什么会支持并深度参与青少年创造活动？”

钟南山院士回答：

“第一，是因为我的父亲影响了我，我的父亲在我读书时对我的影响很大，他常说：‘一个人能够为人类创造点东西，那就没有白活一生。’他教育我如何追求真理，如何诚实做人。我认为青少年时期是人生世界观形成的关键时期，这个时候得到什么样的鼓励和什么样的引导，是十分重要的，我们很多青少年只知道如何读书，很少创新，与世界发达国家相比，存在一定差距，因此，我们应该带头鼓励青少年创造、创作、创新。

“第二，我从医 60 年，虽然是在医学领域从事科学研究，但这也是一种创新。创新具有很多共性，我也申请了发明创造专利一百多项。因此，我认为，青少年发明创造很重要，是中国实现创新型国家的引擎，是青少年成长中最重要的一件事，我一定要带头支持青少年发明创造。我很珍惜我的名字和名誉，但是，用在鼓励青少年发明创造与创新活动上，很值得，更有价值。

“第三，设立‘钟南山创新奖’，成立‘北京钟南山创新公益基金会’，是一个长效机制，我们需要一些制度安排，建立一种全社会鼓励青少年创新的制度体系，我们不能等待这种体系建成后再创新，我们应该先试先行，我们以这种具体的奖励形式，表达一个科学家的愿望。”

中国青少年创造力大赛自创办以来，为普通中小学生提供了一个科技发明交流展示的机会，得到了一批著名科学家的支持，为中国成为创新型国家奉献力量。

中国青少年创造力大赛和全国青少年航天科普大赛每年向全国征集青少年发明成果，由钟南山院士授权签发中国青少年创造力大赛和全国青少年航天科普大赛获奖证书，由北京钟南山创新公益基金会负责组织实施。

序 *

　　长期以来，人们往往对搞发明创造存在一种神秘感，认为这只能是高学历、高智商的成年人才能干的事。深圳市华茂实验学校开设了发明创造课，罗凡华老师和他的学生们用无言的行动有力地证明了青少年同样充满了创造力。培养创造型人才应从娃娃抓起。该校自2002年8月起在全校开设了发明创造课，截至2002年底，短短4个月，这个学校的学生就申请专利133件，跃居全国中小学校申请专利数量的年度之冠，在培育创造型人才方面取得了丰富经验，取得了明显成效。

　　现代科学技术的发展，给人类的思想观念、生产和生活方式带来了巨大的变化。对于一个国家来说，人才是第一资源，拥有大量的科技人才，特别是拥有具有创造能力的科技人才，是国家兴旺发达的重要保障。人类社会的发展历史已经证明，及早培养广大青少年的实践能力、观察能力和发明创造能力是提高国民素质的基础，是造就宏大的创造型人才队伍的关键，是国家实施人才战略的基石。在进一步深化改革开放、全面建设小康社会的今天，我国的教育工作者、科技工作者对这一点有了越来越清楚的认识。我们欣喜地看到，在党中央"科教兴国"方针的指引下，全国有许多中小学校已经开始重视培养广大中小学生的科学素质、创新素质，蕴藏在广大青少年中的发明创造能力开始得到挖掘和发挥，一大批小发明家正在脱颖而出，他们是国家的未来、民族的希望。

　　创新是一个民族进步的灵魂，是一个国家兴旺发达的不竭动力。提高全民族的创新意识和创新能力，是实现中华民族伟大复兴的重要前提。在中小学校开展发明创造教育是培养中华民族创新能力的一项重要的基础性工作。发明创造课不仅能够及时帮助善于思考的青少年捕捉智慧的火花，完成一项项立足于实践的发明创造，更重要的还在

---

* 2003年7月11日，中华人民共和国国家知识产权局时任局长王景川为笔者所著《轻松发明——中小学发明创造课读本》（以下简称《轻松发明》）一书作序。如今再看当年的序言，依然振奋人心，笔者将继续采用该篇为本书序言。

于能够帮助他们深入理解科学、技术与社会之间的关系，激发他们对科学的兴趣，培养他们的社会责任感。

发明创造是一项充满激情的事业。教好发明创造课，教会各个年龄段的青少年进行发明创造并取得成果更是需要饱满的热情。我与罗凡华老师素不相识，看了他的书稿，深为他奔涌不息的教学激情所感染。知识产权出版社及时编辑出版了《轻松发明》，这是一本能够启迪中小学生发明创造意识、了解发明创造基本知识的读物，希望能对读者有所帮助，也希望在全国中小学中，有更多的学校设置发明创造课，涌现出更多的"罗老师"，有更多的同学通过学习发明创造课，积极开展发明创造活动，有更多的娃娃成为"小小发明家"。

国家知识产权局局长　王景川

2003 年 7 月 11 日

前　言

本书的出版意义在于让你的创造天赋崭露头角，让你在阅读发明案例之后就能产生你自己的新发明！

100 个钟南山创新奖是怎么获得的？ 100 个轻松发明案例是如何产生的？本书将为你逐一回答！

100 个中学生发明者的发明故事，本书将陪你细细解读！

本书由三篇组成：

第一篇是轻松发明课总论，包括轻松发明课任务指标、发明的定义、如何为发明取一个名字、发明方案附图绘制要求、发明方案附图及各组成部分如何说明、如何创造一个创造法、如何撰写轻松发明故事、如何探索发明家的思维模式、如何研究发明家的行为模式，以及中国青少年创造力大赛试卷（全国青少年航天科普大赛试卷）。

第二篇是有温度的发明案例，包含 100 个具体案例。所述中学生发明案例全部是获奖项目（中国青少年创造力大赛或全国青少年航天科普大赛的获奖者，均为钟南山创新奖获得者）。该篇为读者介绍了 100 位中学生发明家，在中学时代他们每人都产生了一个与众不同的发明，今天他们已全部步入大学校园。100 个案例中，包括轻松发明方案、轻松发明方法、轻松发明思想。在轻松发明课上，罗老师为大家讲述了很多发明故事，用于鼓励青少年发明创造，拓宽发明思路，拓展人生境界。希望每个同学都能创造一个与众不同的发明，每个同学都成为发明家，每个同学都能树立一个远大理想并找到自己的人生目标。

第三篇是全国中小学知识产权教育试点示范学校名单。这些试点校与示范校是国家推行与鼓励青少年创新发明的具体落实。

本书所述"轻松发明"就是简单、容易、新奇、快速的创造之法，推出的 100 个轻松发明创造之案例，由理论方法与发明实例相结合。由参赛人提出的发明家思维模式与行为模式，展现了其发明创造的新思想、新观点、新方向、新方法，具有很好的参考价值。

　　本书可作为全国中小学知识产权教育参考用书，钟南山创新奖公益活动用书。

　　本书读者对象是初高中生及其家长和教师，以及关注中学生发明动因的研究者与兴趣爱好者。

罗凡华

2021 年 2 月 8 日

致读者

亲爱的读者朋友：

你们好！

能通过这本书遇到你，是我的荣幸。作为笔者，我想和你分享我的喜悦，和你讲一讲书中所述 100 个案例是如何产生的。

第一步：笔者将"轻松发明"的一个经典案例范本发放给了 11000 名中学生。

第二步：同时还给他们发放了一份试卷——"中国青少年创造力大赛试卷"（参见本书第一篇）。

第三步：给这些中学生每人 4 个小时进行现场答题，完成"中国青少年创造力大赛试卷"。

第四步：给每个交卷的参赛者颁发钟南山创新奖纪念奖牌。

第五步：在 15 日后，依据获奖成绩，邮寄获奖证书，获奖证书由钟南山院士授权签发，并由主办单位盖章，在主办方官网上可以查询获奖信息。

第六步：在 2018 年和 2019 年参赛的 11000 个案例中，挑选 100 个案例用于出版。由于篇幅有限，只能选择 100 个案例，实际上每一个案例都是独特的，都是与众不同的发明。

学生们通过阅读一个案例范本，经过参赛与答题，累计产生了 11000 个新的案例，笔者选择其中的 100 个案例，呈现给大家。

这就是本书所述 100 个发明案例产生的全部过程。

一个读者阅读一个案例，继而答题，就可以产生一个新的发明案例；一个读者阅读这 100 个案例，也许会产生 100 个新的发明案例；照此类推，1 万个读者，阅读这 100 个案例，就有可能产生 100 万个新的发明案例。

这是一个真实的故事。2002 年，笔者在深圳市华茂实验学校任教，开设了发明创造课，该校校长为全校学生购买了 50 本由笔者撰写的《点击发明——青少年发明创造方法与实例分析》，全校各班循环使用，每个班、每学期上两次发明创造课，全校 3000 人，每个学生都产生发明案例 2 个，一学期下来，累计产生发明案例 6000 个，成为全国发明创造案例数量第一多的学校，并得到国家知识产权局时任局长王景川的肯定。那年，笔者从中选择发明方案 14 个，发明方法 12 种，继而顺利出版了《轻松发明》一书，该书已经成为全国中小学发明创造课经典教材。

由笔者指导的这批中学生，他们的特点是自己能发明，而且能指导更多人发明，是传播型发明者。

传播型发明者是可以总结出发明方法的发明者，是可以提出发明思想的发明者，也是能自主设计出发明方案的发明者。

一个发明者可以获得由国家知识产权局局长签发的专利证书。

一个传播型发明者，能指导更多的人获得专利证书，其影响力是无限的，是更有价值的。

我们因为是发明者而自豪，我们也因为是传播型发明者而自豪，我们更因为是培养传播型发明者的老师而自豪。

读者一定会问罗凡华老师在课堂上讲了什么内容，用了什么法则，让成千上万的学生喜欢发明创造，会发明创造，会总结出发明创造的方法，会完成发明创造的作业设计，会建立发明创造的思想体系。

本书第一篇"轻松发明课总论"将给读者一个满意的答案。

本书第二篇"有温度的发明案例"是本书的主体部分，用 100 个案例告诉读者，每个人都可以发明创造。

本书第三篇"全国中小学知识产权教育试点示范学校名单"告诉读者发明创造教学成果显著的学校有哪些。

在本书创作过程中，笔者始终活力四射，废寝忘食。在火车上、在飞机上、在停车场、在凌晨的书桌旁，笔者都会奋笔疾书，不放过每一个创意灵感，记录着属于轻松发明的时空轨迹，探索着轻松发明的本质和规律，提炼出更纯正的轻松发明之法则，以期惠及读者，惠及全国青少年学生，培养更多的青少年发明家、中学生发明爱好者。

笔者的座右铭：

抓住创意的灵感，锲而不舍，金石可镂。

罗凡华

2021 年 3 月 10 日于北京

目 录

第一篇

轻松发明课总论

轻松发明课任务指标

一堂好的轻松发明课，应该具备三个核心指标：

第一是要讲清楚发明的定义；

第二是学生在课堂上就能轻松完成一个新颖的、符合国家专利法要求的发明方案；

第三是让学生总结出一种创新的轻松发明方法及轻松发明思想。

发明的定义

发明是制造一种产品，还是绘制一张图纸？

创新的定义有很多种，但是，发明的定义只有一种，这是为什么？因为发明的定义是由国家专利法定义的法律概念。

因为发明的定义是依据《中华人民共和国专利法》（以下简称《专利法》）产生的，因此也是依法定义。

《专利法》第二条

本法所称的发明创造是指发明、实用新型和外观设计。

发明，是指对产品、方法或者其改进所提出的新的技术方案。

实用新型，是指对产品的形状、构造或者其结合所提出的适于实用的新的技术方案。

外观设计，是指对产品的整体或者局部的形状、图案或者其结合以及色彩与形状、图案的结合所作出的富有美感并适于工业应用的新设计。

完成一项发明，不是制造一项产品，发明只是制造产品的技术方案。但是，发明不需要实现制造后再申请专利，向专利局提交的发明专利申请文件是权利要求书、说明书及附图，不是提交发明的样品或产品。

所以，在轻松发明课堂上，完成一项发明，就是完成一项新的技术方案，技术方案主要由设计附图及附图说明组成。

如何为发明取一个名字

发明名称，是发明者首先要解决的问题，也是轻松发明方案中的第一个栏目。

在国家知识产权局网站上，查询一个"电扇"的专利名称，也许有 1000 个类似的专利名称，如果加上"遥控的电扇"，也许就只有 100 个类似的专利名称，如果加上一个限定词"远程遥控的电扇"，也许就只有 10 个类似的专利名称，如果加上一个限定词"一种远程遥控的人体感应的电扇"，也许就只有 1 个类似的专利名称，这样在名称上即具有新颖性了。

从本书 100 个案例的名称中，可以找出罗凡华老师指导的取名字规律。发明不仅要有价值，更要名称新颖，所以我们需要在发明对象前加上限定词，一般常用的限定词及取名句型如下：

一种新型的_____。

一种多功能的_____。

一种智能的_____。

可拆分可组合的_____。

高效率的_____。

便携式_____。

自动化的_____。

可替换的_____。

太阳能的_____。

太空的_____。

航天的_____。

手机远程控制的_____。

环保的_____。

智能自动化太阳能环保的_____。

发明方案附图绘制要求

依据《专利法》，附图绘制时，只能使用阿拉伯数字标注各组成部分，专利申请时主要是说明各组成部分的功能作用、结构形状，以及各组成部分之间的连接关系，参见本书 100 个案例中的绘图，就可以总结出专利法要求的绘制附图的原则。

发明方案附图各组成部分如何说明

依据《专利法》，附图说明，要说明附图各组成部分名称，相邻部分之间的连接关系，功能作用，解决的技术难题。

专利申请说明书包括：技术领域、背景技术、实用新型或发明内容、附图说明、具体实施方式等标准化栏目，可以从国家知识产权局网站上下载同类专利，参考使用同类专利说明书的格式写作方法，也可咨询国家知识产权局专家，国家知识产权局服务电话 010-62356655，本书作者发明专用咨询电话 12330 及微信 13683103291，国家知识产权局官方网站 http://www.cnipa.gov.cn，中国专利电子申请网官方网站 http://cponline.cnipa.gov.cn。

如何设计一个创造法

　　一个发明方案可以给我们一个启迪，一个发明方法可以启迪更多人会发明、爱发明、做发明，成为发明家。

　　如何设计一个创造法，依据本书 100 个创造法案例，很容易设计出一种新的创造法，我们规定设计一种创造法不能超过 7 个字（例如：联想转化创造法），具有一定的指导意义，引导读者的创新思路，要求每个学生现场完成，例如：

反面探究创造法	自由组合创造法
联想转化创造法	贴近生活创造法
一物多用创造法	航天用途创造法
主体附加创造法	异想天开创造法

你设计的创造方法名称是：_____创造法

如何撰写一个关于发明的故事

　　轻松发明一定有很好玩的发明故事，发明故事一定要设计一个人物，给这个人物取一个好听的名字，让这个人物遇到一件意想不到的事情，经过一番周折，最终利用发明方法解决了一个难题，获得巨大成功。

　　可以杜撰一个传奇的发明故事，也可以改编戏说一个历史上曾经发生过的发明故事，也鼓励发明人讲述一段自己亲身经历过的发明故事。

如何探索发明家的思维模式

　　发明家的思维模式有什么特点，有什么规律可循吗？本书 100 个发明家思维模式可以找到答案。

　　发明是人类智慧的结晶，发明是智慧活动。发明家是智慧的代表，他们一定有独特的风格，独特的思维模式。从看问题的角度来分析，发明家会从反面、里面、侧面、底面看问题，会依据问题的表面，深入研究事物的本质、原理、规律、法则。

　　譬如同看一个物品，发明家往往会先想到这个物品上是否缺少音乐和语音功能，继而又想到把这一物品上的局部功能和部分应用到乐器上，等等。发明家的思维总是比普通人想得更远更新更巧妙，并善于研究它们相结合的方式，结合后的新作用，还能迅速完善发明构想，完成发明方案。

　　又譬如同看一部电影。张艺谋导演看电影，看什么？理发师看电影，看什么？服装设计师看电影，看什么？

　　发明家会注意哪方面？发明家可能首先会想到这个物品上是否缺少色彩，色彩是否可以改变？是否可以设计出色彩效果全新的物品。发明家的思维与普通人的思维不同之处正在于其所关注的方向不同，深入程度不同，思维模式不同。

发明家不仅会想到把某一物品上的局部功能和部分应用结合到另一物品上去，而且会想到将其他物品上的局部功能和部分应用重新结合到这个物品上。发明家的思维就是与众不同，并善于研究相结合的方式，结合后的新作用，完善发明构想，完成发明方案。

希望读者在本书 100 条发明家思维模式的基础上，总结出更新的发明家的思维模式，建立一套属于自己的发明家思维体系，同时，为建立全国发明家思维模式体系作出自己的贡献。

如何研究发明家的行为模式

人的行为受制于人的思维，人的思维决定人的行为，在发明家思维指挥下，发明家的行为与普通人的行为模式有何不同，也是我们三十年来研究的一个课题。

发明家的行为是与众不同的行为模式。

发明家有时候像警察，深入调查、秘密侦查、四处打听、找到线索、解决难题。

发明家有时候像科学家，研究课题、查阅资料、亲自验证、记录数据、判断趋势、有的放矢、锲而不舍、获得结果。

发明家有时候像总统，提出选民意料之外的政策方案，敢做敢当、超级演讲、擅长表达、深入选区、了解民意、解决难题、造福一方。

发明家有时候像演员，扮演生活中的一个角色，体验角色生活，进入角色心灵，展示角色需求，寻找生活中的问题，提出技术方案。冯小刚导演的电影《非诚勿扰》中的分歧终端机、陈凯歌导演的电影《我和我的祖国》中的遥控升旗机、周星驰导演的电影《功夫》中的四面路灯，均是以发明为由头的电影发明作品。

发明家应该像记者一样质疑和提问，质疑细节要害，提出关键问题。敏捷的思维是记者的特质，对事物有兴趣是敏捷的前提。

发明家应该始终要保持对事物激情，才能敏锐地抓住要害，质疑问题，提出见解。提问题也分表面问题和深入问题，发明家要学会提深入的问题，问题中的问题，关键的问题，敏感的问题。善于提问是找问题的关键，找到根本的问题才有可能产生新的发明。

发明家应该像化学家一样善于实验，用实验证明设想，在实验中探究和发现新的问题。有个学生设计了一个带气球的可以减轻重量的书包。这个方法是否可以减轻书包重量，我们可以做个实验，证明一下。有很多构想，不需要用实验证明，但如果去做实验，在实验中会有更多的发现和启迪。请同学们选择一个问题，设计一个实验，学会在实验中探究和发现新的问题。

发明家应该像数学家一样推导研究所得到的数据，并统计和分析相关数据，找出规律和特征。把"0"变成"1－1"，已知两个条件，推导出第三个条件，是数学家的本领。善于利用数据、分析数据是发明研究者应该掌握的。

发明家应该像哲学家一样讨论所研究的问题，高谈阔论中找出规律，抓住要点。讨论是发明家的法宝，要学会应用。无边无际的讨论也可以产生创新的发明构想，只要知道自己是发明家，在讨论中就会抓住要点，把握重点，讨论的内容一时离题千里也没有关系，最终还会回到发明和研究主体上来。大胆讨论是发明家的行为模式，培养爱讨论、会讨论的良好习惯，必将终身受益。

中国青少年创造力大赛试卷

　　本试卷是中国青少年创造力大赛、全国青少年航天科普大赛试卷，本试卷是参赛者的发明档案，复印有效，请参赛者认真填写。参赛者可以通过学校、区域等组织单位报名参赛，也可以向主办方邮寄本试卷，或发邮件至组委会官方邮箱。

学校地址：_____省_____市_____县_____

学校名称：_____　班级：_____

参赛编号：_____　姓名（正楷签名）：_____　姓名（拼音）：_____

联系电话：_____　　邮箱：_____

家长电话：_____　　老师电话：_____

　　参赛须知：由参赛者提交的发明方案试卷经大赛评委审核合格后，即视为参赛者及参赛者的监护人同意将此试卷内容并入"轻松发明"相关丛书出版。

一、轻松发明方案

（一）发明名称

（二）发明方案附图及各组成部分说明

学校名称		班　级	
学校地址	省　　市　　县	邮政编码	
作者姓名		联系电话	
姓名拼音		联系邮箱	
身份证号码			
发明名称			

附图绘制要求： 1. 附图为线条示意图； 2. 图中各部分标记应当使用阿拉伯数字编号； 3. 直线部分用直尺作图； 4. 绘图部分，请使用铅笔。	
附图说明： 标注各组成 部分的名称	1. _____；2. _____； 3. _____；4. _____； 5. _____；6. _____； 7. _____；8. _____。
制作材料	
功能作用	
创新部分	
发明咨询	发明咨询电话：（010）63738342　63741130（传真） 官方 QQ：2924577235 官方邮箱：cctv8001@126.com 总联系人：罗凡华 13683103291，13718976538；安永军 13381332027 官方微信：18010171865

补充说明及绘图备用纸：

（略）

二、轻松发明方法

（一）创造法名称：

　　|　|　|　|　|创造法

（二）|　|　|　|　|创造法原理

（三）|　|　|　|　|创造法应用要领

三、轻松发明思想

（一）发明家的思维模式

（二）发明家的行为模式

（三）参赛者的发明梦想

第二篇

有温度的发明案例

案例 1

可储存式便捷树木移栽器

凌子涵

可储存式便捷树木移栽器由凌子涵同学发明。凌子涵同学荣获第 15 届中国青少年创造力大赛金奖（参赛编号 201901536），参赛时就读于中国科学技术大学附属中学，现就读于中国民航大学中欧航空工程师学院工科试验班专业。发明指导教师：罗凡华。

一、轻松发明方案

（一）发明名称：可储存式便捷树木移栽器

（二）发明方案附图

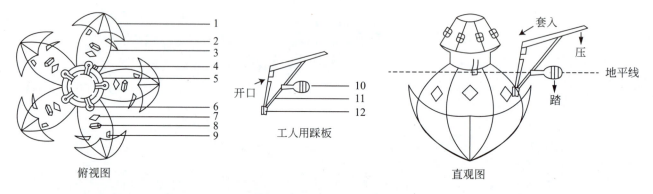

俯视图　　　工人用踩板　　　直观图

（三）发明方案附图各组成部分说明

各组成部分名称：1. 外侧盾片；2. 可遥控式搭扣；3. 内侧合金盾片；4. 可拆卸式搭扣；5. 外围金属环；6. 插取式工人踩板组装环；7. 工人用踩板插槽；8. 给养孔；9. 拆卸式搭扣闭合槽；10. 工人踩板；11. 三角合金架；12. 插片。

补充说明：由树根部套入，调节金属环使大小适中，在盾片张开状态下将工人用踩板装入，用力踩下使盾片合拢，使树木根须纳入盾片后，即可用吊机将树木连根移出，若需存储可从给养孔输入养分维持树木生长。

二、轻松发明方法

（一）创造法名称：便捷生态创造法

（二）便捷生态创造法原理

所有真正的发明都应该考虑到使用时产生的影响，其中最应注重对自然生态产生的影响。

以核能源的利用为例，核电站如果没有考虑生态因素，其对生态的不利影响会是巨大且恶劣的。同时，如果操作过于复杂，就不符合发明本身是为了让生活更加便捷的原则了，所以发明创造首先要考虑便捷生态的影响，以便捷生态为思维出发点，就可以不断创造出符合便捷生态的发明作品。

（三）便捷生态创造法应用要领

① 尽可能地简化产品的实际操作，以达到便捷目的；② 观察事物对周边环境的影响，要将生态环境影响纳入首要考虑范围；③ 要有谨慎的思维，尽可能地避免或减少产品使用过程中产生的负面影响。

三、轻松发明思想

（一）发明家的思维模式

"发明家的思维模式应该是什么样的？发明家如何思考问题？如何探索发明家的思维模式？一个发明家的思维模式与一群发明家的思维模式有什么不同？如何将一群发明家的思维模式转化成一个体系的思维模式？"这正是需要我们探寻的。

对于园林、生物技术等行业，许多已有操作过于繁杂且不便利，同时这些行业主要影响身边生态，本发明能很好地解决树木移栽时因植物受到机械损伤后易于染病死亡或不能正常吸收营养导致死亡等问题，且操作简便，不再需要过多且烦琐的人工工作。

（二）发明家的行为模式

发明家如何做事情？发明家做事风格与习惯如何？

发明家应该善于对比。例如，比对传统工作状态下树木的移栽存活率、保存时间，以及与本发明相关的同类数据，将本发明在使用时操作人员的感受与建议尽可能多地整合，再次对发明进行进一步的改进与完善。

发明家应该善于调查。例如，调查产品使用时的环境状况，让发明得到更全面的改进，增加其适应面。

（三）参赛者的发明梦想

有发明就有创造力，发明一定要有实用性，且能为日常生活提供便利。所以，我想为生活中一些能简化的过程设计相关发明，让人们能够空出更多的时间来做更想做的事，同时让生态质量更高，工作效率更高，这是我的发明理想。

（四）罗老师点评

如何点评一个发明？也是值得探索的难题，首先应该聚焦发明的名称，因此，发明名称就需要体现先进性、新颖性。

如何将发明名称定位准确？例如，如果本发明名称只是"移栽器"，范围太宽泛，不能准确表达本发明的特点，与一般"移栽器"很难区别。所以，我们要求发明的名称一定要含几个限定词汇，例如有了"可储存式、便捷和树木"这三个词汇的限定，这款移栽器的定位也就十分具体了。

所以，增加限定词汇有利于体现发明创造的新颖性，即使只加上"新型的、自动的、智能的"，也是一种为发明创造取名字的好办法。

本发明创造的本质是要设计一种"移栽器"，名称中限定词汇的使用，同时也体现了"移栽器"的功能。可储存式的功能运用很实用，因为"移栽器"更多的应用场景是室外，因此，使用便捷、携带方便的需求也是必须要满足的。

发明创造过程就是一种设计过程，设计考虑的问题要全面，应该多结合一下应用场景，才能设计出有创意的作品。清晰表达发明创造的各组成部分，是发明创造方案的基本要求，也可以让专利审查者一目了然，让制造商理解设计意图，方便制作与制造。

发明创造方案属于说明文范畴，需要尽量详细描述发明创造的特征，本发明创造设计中缺乏定量描述，没有标注长度、高度、直径等尺寸。

希望凌子涵同学到中国民航大学后，与他的大学同学、大学教授继续讨论发明的故事与发明的问题，研究发明的新方法，创建发明的新思想，实现自己的发明理想。

案例 2

可干燥式通风球鞋

许志远

可干燥式通风球鞋由许志远同学发明。许志远同学荣获第 15 届中国青少年创造力大赛银奖（参赛编号 201815477），参赛时就读于合肥市七中，现就读于安徽大学环境科学专业。发明指导教师：罗凡华。

一、轻松发明方案

（一）发明名称：可干燥式通风球鞋

（二）发明方案附图

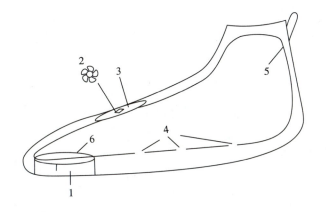

（三）发明方案附图各组成部分说明

各组成部分名称：1. 可拆卸式足尖干燥器；2. 微型风扇；3. 太阳能电池驱动板；4. 鞋底透气孔；5. 隔热涂层；6. 温度调控装置。

补充说明：自古以来，人们备受脚汗的困扰。此发明可帮助人们解决脚汗严重的问题，长时间保持脚部的清爽干燥。本发明材料主要采用超轻电子材料、微型太阳能电池板。

功能作用详解：足尖干燥器若长时间使用可能会损坏，为了不影响球鞋的整体寿命，故将其单独分离，可装可拆。由于脚汗大多集中在脚尖，故将其设计在鞋头。通过太阳能驱动风扇，节省能源。隔热涂层将热量隔绝，保持内部清爽。该发明将传统的鞋子智能化、电子化、科技化，解决长期以来人们的脚汗烦恼。

这项发明可能会增加鞋的重量与鞋面厚度，需要未来高科技材料、轻量化材料的支持。

二、轻松发明方法

（一）创造法名称：烦恼分析创造法

（二）烦恼分析创造法原理

一天，因球鞋太脏，我准备刷鞋，但是必须要将鞋带拆下。

众所周知，球鞋的鞋带系统极为复杂，这是多数人清洗球鞋时遇到的烦恼，要用足够的耐心将鞋带拆下，于是，我计划发明一种简便的鞋带系统，去解决这些烦恼。

每一个人在生活中都会遇到一些让人烦恼的不便。

在我们为之烦恼的时候，是否可以尝试去分析呢？下雨天骑自行车会溅一身泥巴，因为这种烦恼，再加以分析，有人发明了挡雨板，这就是所谓的烦恼分析创造法。

我们在生活中会被诸多不便与烦恼困扰。新的发明就产生于你感到烦恼时。发明是为了方便生活，改造生活。当你从独特的角度去分析烦恼出现的原因以及解决的办法时，灵感常常就此产生，发明也可能会随之出现。

（三）烦恼分析创造法应用要领

① 设法从遇到的不便与烦恼中分析其根本原因；② 对于出现的烦恼与不便，不能让其不了了之，不能有"忍忍就过去"的思想；③ 通过对烦恼出现原因的分析与总结，想方设法去设计方案解决它；④ 辅以科学的手段将之实现，完成发明。

三、轻松发明思想

（一）发明家的思维模式

很多人对于生活中的烦恼，虽嘴上很不耐烦，心里却不想着如何去分析，去解决。毕竟这个烦恼不可能经常出现。但发明家需要抓住一切可能产生灵感的机会，不放过任何一次烦恼，利用分析方法积极完成发明方案。

（二）发明家的行为模式

发明家应像一台机器一样精密、严谨。

当你产生了实验与设计构想时，不能草草书写方案，要考虑到一切可能发生的情况和实验过程中可能出现的意外与变故，务必做到精准严谨。

（三）参赛者的发明梦想

我非常喜欢球鞋，是一个狂热的鞋迷，至今也穿过了不少类型的鞋子。而所有的鞋子，除凉鞋外都有一个通病，那就是透气性差，也就是说，脚在鞋里都会淌汗。我一直想设计一种内置除湿干燥装置，既不增加鞋的重量，也不影响穿着体验，这有待日后的创造！

（四）罗老师点评

发明创造方案需要准确描述发明创造的结构，专利保护的重点也是结构，所以，必须将发明创造设计的产品或零件分解成若干个组成部分，并对各组成部分的名称加以说明，本发明结构设计合理，其功能具有实用性，适用人群广，未来市场前景较好。

许志远同学发明的可干燥式通风球鞋，如果能顺利实施，并转化成商品，将会解决人们生活中的脚汗烦恼，我认为这是一个了不起的发明。由于鞋业是一项复杂技术，如何安装微型风扇和太阳能电池驱动板还需要进一步试验，如何在鞋底设置透气孔和隔热涂层也需要进一步研究，温度调控装置可以采用其他技术参考，逐步完善。发明创造就是要不断改进。

发明创造最难得的是思路和创意，有了解决问题的思路，解决问题的方案就容易找到了，比如将传统的鞋子智能化、电子化、科技化，就可以解决人们长期以来的脚汗烦恼。

许志远同学可以将国家知识产权局网站上已有的发明创造方案与自己设计的可干燥式通风球鞋发明方案进行对比研究，找到发明创造与科学研究的一般规律，用科学的力量推动自己发明的步伐。

中学生的发明创造，仅仅是一个初级的发明创造起点，作为指导老师，我们应该多多鼓励，并为其指明前进的方向。对比研究，是一种很好的方向，通过发明与发明的比较，探索出更新的发明创造，由于发明创造允许局部改进，即使改进某个局部，某个过程也是可以申请为一种新的发明创造的。

我曾去参观一家旅游鞋制造公司，这个公司竟没有一个发明创造专利。并不是这里的研发人员没有发明创造，只是他们没有发明创造保护意识，没有专利保护意识。经过考察，我向该公司负责人提出了十几项专利申请方案。例如，可以将产品拍成照片，向国家知识产权局申请外观设计专利；可以将旅游鞋的设计过程、制造过程、检测过程深入研究与改进，并转换成设计图和说明书，向国家知识产权局申请发明专利。在这里，我也建议同学们寻找机会深入拜访产品制造公司，探索技术问题，提出技术解决方案，将来你们就有可能成为名副其实的发明家或设计师。

案例 3

带有保护机构的甲虫捕捉观察器

许哲浩

> 带有保护机构的甲虫捕捉观察器由许哲浩同学发明。许哲浩同学荣获第 15 届中国青少年创造力大赛金奖（参赛编号 201901091），参赛时就读于北京市八一学校，现就读于重庆大学机械工程专业。发明指导教师：罗凡华。

一、轻松发明方案

（一）发明名称：带有保护机构的甲虫捕捉观察器

（二）发明方案附图

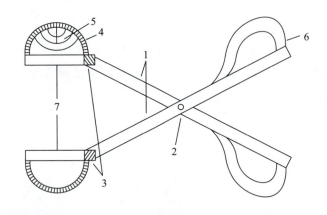 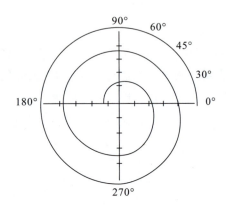

（三）发明方案附图各组成部分说明

各组成部分名称：1. 有交错的连杆；2. 固定转轴；3. 固定用连接块；4. 透明保护壳体；5. 凸透镜观察器；6. 固定指环；7. 圆保护挡板。

补充说明：凸透镜镜面上标有长度与角度刻度，便于测量；由于甲虫幼虫多呈盘曲状，不易直接测量体长，所以镜面上还标有阿基米德螺线，便于测量。

发明的背景及意义：现今，爬宠文化开始流行起来，越来越多的人选择饲养爬行动物和甲虫作为宠物。况且，在甲虫的世界中，仍有很多种类的习性连相关科研人员也知之甚少。此发明的目的在于帮助虫友以及科研人员在保证个人安全的情况下，对甲虫进行观察记录并采集数据。由于甲虫幼虫有强有力的口器，并且有的成虫还有钩爪和强有力的大颚，所以即使甲虫以腐殖质为食，人类在对其进行采集和研究时还是有被伤害的风险。这便是此发明可解决的问题与发明背景。

二、轻松发明方法

（一）创造法名称：分析倒推创造法

（二）分析倒推创造法原理

数学逻辑方法中的分析法是指将命题通过"欲证……则等价于证……"层层倒推，将复杂问题简化。发明的过程也是一样，当发明任务过于复杂时，可通过思维分析将任务倒推，化繁为简，从而最终达到以简单方法应对复杂任务的目的。

（三）分析倒推创造法应用要领

采用分析倒推创造法将复杂问题简单化的关键便是找到利于倒推的切入点。为此，要全面地考察发明任务中的每一个元素，择优选择切入点。就像解题时采用的辅助线一样，同一题采用不同辅助线难度会大不相同，所以要找到合适的切入点才能达到化繁为简的目的。

三、轻松发明思想

（一）发明家的思维模式

发明家往往思维灵活，这关乎两方面：其一，发明家要在遇到障碍时跳出自己的思维怪圈与思维定式；其二，发明家要对发明任务进行灵活的分析倒推与转化，从而将复杂任务简单化。因此，思维灵活，必不可少。

（二）发明家的行为模式

人类的发明大多都是为满足人类的生活需求，所以，我认为发明家切不可苦坐室中思考，而是应该走出去体验生活。在生活中，发明家会遇到有待解决的问题；在劳动中，发明家会收获灵感……这些都是发明家最需要的，可以促进他们产生新的发明。

（三）参赛者的发明梦想

我希望能用我的发明保护我们的地球以及这个蓝色星球上的美妙生命。这个星球上的所有生命同属一个命运共同体，只有通过发明保护好大家，才能更大限度地保护我们人类自身。

（四）罗老师点评

许哲浩同学发明的带有保护机构的甲虫捕捉观察器，为什么与众不同？其发明思维路线图是什么？在我看来，爱思考是发明思维的起点，善于观察生活中的细节是发明创造的路线图。

超市里可以买到的商品，是不会成为自己的发明创造的。但是，将超市里的商品买回来，进行再组装、再改进，就可以产生发明创造，更重要的是，可以赋予这个创意设计一些新的用途。

捕捉器、观察器，都是常见的产品，如何设计出一个新产品，许哲浩同学的发明项目是一个很好的范例。

带有保护机构的甲虫捕捉观察器就是运用类似剪刀、盒子、放大镜等物品，实现特需功能的观察，并且具有一定的新颖性，如果将这个方案增加一些计时器、电子显示装置就更好了。

关于发明创造分为设计绘图阶段、申请专利或不申请专利（技术保密）阶段、推广应用阶段、生产制造阶段、销售使用阶段等。我们的学生，一般很容易完成设计阶段，但后面的几个阶段的实现会有一些困难。本书案例都是在第一阶段。我们希望许哲浩同学能够完成发明创造的全部阶段，并在未来有更多的发明创造成果。

案例 4

可拆式净化水体鸟粪石产生太阳能电池

钟梓屿

可拆式净化水体鸟粪石产生太阳能电池由钟梓屿同学发明。钟梓屿同学荣获第 15 届中国青少年创造力大赛银奖（参赛编号 201919114），参赛时就读于厦门市集美中学，现就读于石河子大学水利建筑工程学院土木专业。发明指导教师：罗凡华。

一、轻松发明方案

（一）发明名称：可拆式净化水体鸟粪石产生太阳能电池

（二）发明方案附图

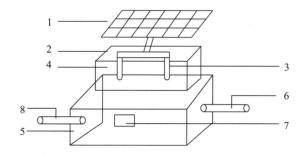

（三）发明方案附图各组成部分说明

各组成部分名称：1. 太阳能电池板；2. Mg 电极电池；3. 阴离子交换膜；4. $MgCl_2$ 溶液成品室；5. 反应室；6. 富营养水体入口；7. 鸟粪石出料口；8. 净化水体出口。

补充说明：因为人类大量排放化学药品进入河流，导致全球多地水源出现富营养化，造成藻类疯长，水生物大量死亡。导致水体环境破坏的主要原因是富营养化水体富含氮磷化合物，而这类物质可用来制作农用肥料——鸟粪石 $[Mg(NH_4)PO_4 \cdot 6H_2O]$；Mg 电极电池是用 Mg 作电极，用 $MgCl_2$-HCl 溶液作电解液，从而产生电能，以及制作鸟粪石原料之一的 $MgCl_2$ 溶液；向富营养水体入口通入稀释后的富营养水体；鸟粪石出料口可收取经 $MgCl_2$ 溶液与稀释富营养水体反应后产生的鸟粪石晶体；净化水体出口可将净化后的水体排入湖泊河流；太阳能电池板可吸收太阳能及 Mg 电极电池反应时所放出的能量。

二、轻松发明方法

（一）创造法名称：生态经济创造法

（二）生态经济创造法原理

随着科技不断发展，地球的生态也无时无刻不受到人类及其科技的影响。科技的进步使人类可预知灾难，同时也可用科技改善自然环境，实现人与自然和谐共处。

（三）生态经济创造法应用要领

我们可利用现代科技来完成一些在古代无法完成的保护环境的工作。例如，我们可通过生物或化学手段抑制赤潮的发生，也可以通过基因手段拯救濒危物种。之前，我们一直从有利自身的角度考虑，现在，我们更应该从保护环境的角度思考，这也许会带来新的发现。

三、轻松发明思想

（一）发明家的思维模式

很多人看同一个物品，会有不同的想法，比如发明家也可从保护生态、提升经济效益的方面考虑，产生构想，并将其进行改进，进而完成方案。

（二）发明家的行为模式

发明家在现实生活中，常会观察一些可利用的废物，看看是否可将其转化为有用物质，或研究一下污染环境的物质，考虑是否可回收，保护环境且增加效益。

（三）参赛者的发明梦想

因为臭氧层被破坏，全球温度升高，我曾想长大后发明一台机器，可填补臭氧空洞。希望人类可以发展至一个与生态共同发展的和谐阶段。

（四）罗老师点评

发明创造方案可以是简单明了的，也可以是复杂详细的，由于学生进行发明创造时，常常缺乏实验条件，使得方案结构比较简单，技术含量不高，这也是青少年发明创造的主要特征。

人类社会发展史就是一部发明创造的历史，人们因为发明创造而自豪，时代因为发明创造而进步，因此，培养小发明家，是十分伟大的工作。而发明创造课程能很大程度地激发青少年的创造力，这个精品课程的核心价值正是有效培养学生的创造力。

由钟梓屿同学发明的可拆式净化水体鸟粪石产生太阳能电池，实际上是一种关于太阳能运用的发明创造，涉及的技术已经超出中学生的知识范围，其发明创造设计方案还是比较初级，结构也比较简单，缺乏技术细节说明。但是，因为该学生对太阳能有兴趣，所以选择了高科技的发明创造项目。我们十分重视学生的发明创造兴趣是否可以持续培养。发明创造兴趣是发明创造动力之源，因为有兴趣，发明者会主动收集太阳能技术的相关资料来阅读研究，主动进入太阳能制造公司参观学习与探究，将来还有可能成为太阳能技术的爱好者和专家，设计水平就会更高，专业能力也会更强。

案例 5

可追踪智能多地形轮椅

苏彦之

> 可追踪智能多地形轮椅由苏彦之同学发明。苏彦之同学荣获第 15 届中国青少年创造力大赛银奖（参赛编号 201923149），参赛时就读于甘肃省兰州第一中学，现就读于西交利物浦大学工商管理专业。发明指导教师：罗凡华。

一、轻松发明方案

（一）发明名称：可追踪智能多地形轮椅

（二）发明方案附图

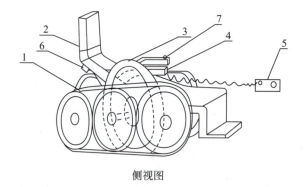

侧视图

（三）发明方案附图各组成部分说明

各组成部分名称：1. 仿坦克履带；2. 防震可伸缩靠椅；3. 电动轮；4. 扶手；5. 控制器；6. 追踪定位仪；7. 报警器。

补充说明：履带的安装主要是为了应对多样地形；防震可伸缩靠椅是为了保证使用者的舒适度；电动轮由控制器控制，为防止丢失，控制器由弹绳连接在轮椅上；扶手上的报警器提高了使用者的安全保障；内置的追踪定位仪，可实时反馈使用者出行路线。

二、轻松发明方法

（一）创造法名称：自由组合创造法

（二）自由组合创造法原理

事物需要排列组合，研究事物时需要将其拆分后再组合。新的创造往往源于旧创造的组合，不同的组合方式会导致不同的结果，而新创造的闪光处便从此处体现。

（三）自由组合创造法应用要领

① 将事物拆分后重新组合，实现创造目的。② 许多新事物往往由原有事物重新组合而成。③ 数学表达式为 $C_n^x = B$，其中，C 代表组合方法，n 代表已有事物个数，x 代表需求事物的个数，B 代表新组合。

三、轻松发明思想

（一）发明家的思维模式

许多人不能看到事物的组成，而发明家应看到事物的组成，并将不同组成重新排列组合，创造出新的事物。

（二）发明家的行为模式

发明家应像侦探一样，剖析事物内在，学会探究事物组成，并像艺术家一样，凭借丰富的想象力组合生成新的事物。

（三）参赛者的发明梦想

希望我将来的发明能帮助行动不便的人自由安全地出行。

（四）罗老师点评

发明创造的组成部分十分重要，我们要引导读者关注每一个发明创造方案的组成部分，进而关注创新点。

仿坦克履带是本发明创造的创新点，是轮椅车的重要创新设计要素，本发明创造大胆地改变了轮椅的前进方式，解决了在不平坦的路面行进的问题，并采用追踪定位仪和报警器实现远程监控，防震可伸缩靠椅可以更好地贴合乘坐者的体型。整体来讲，这项发明的功能设计比较完备，结构也有一定的创新，具备了发明家的基本思维。

由于轮椅的用途场景很多，包括机场、医院、商场、公园、郊外、轮船、飞机等，设计者应该充分考虑使用者在这些场景应用时的需求，当然，也可专门设计成在某一场景下应用的轮椅，也可以研究局部的轮椅创新，因为在轮椅生产制造过程中会遇到诸多技术问题，仅其中一种技术解决方案也是发明创造。

　　由于发明专利保护的是创新的结构和技术，专利并不保护一个发明的名称，所以，中学生发明者不要担心这个发明创造是否已经存在，因为往往只是已经有了一个相同名字而已，例如电扇已经有了专利，但还是可以继续改进电扇的结构，创造出新的结构的电扇。要勇敢去改变产品的结构，只要你的发明结构与同类产品的不同，就可以成为新的发明。

案例 6

多功能自动化花盆

崔嘉丽

多功能自动化花盆由崔嘉丽同学发明。崔嘉丽同学荣获第 15 届中国青少年创造力大赛金奖（参赛编号 201919103），参赛时就读于深圳外国语学校，现就读于华南理工大学城乡规划专业。发明指导教师：罗凡华。

一、轻松发明方案

（一）发明名称：多功能自动化花盆

（二）发明方案附图

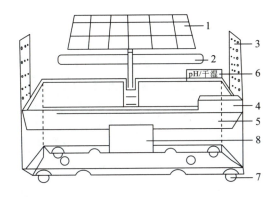

（三）发明方案附图各组成部分说明

各组成部分名称：1. 太阳能板；2. LED 灯板（内含光感传感器）；3. 喷雾装置；4. 注水口；5. 水槽；6. 土壤 pH / 干湿度的测量与显示装置；7. 轮；8. 触屏显示器。

补充说明：多功能自动化花盆可自动进行植物的管理、培育，有绿色环保、操作智能等特点。尤其适合空闲时间少、常出远门的养花人士使用。太阳能板在有日照时自动收集和储存太阳能，用于 LED 灯板和喷雾装置的供能；在阴雨天等密集日照短缺的环境下，LED 灯板可对植物进行自动供光；喷雾装置在傍晚、清晨自动喷雾给植物补水；土壤 pH / 干湿度的测量与显示装置能监测土壤酸碱度与干湿度，并于显示屏上显示；可通过触屏显示器个性化管理 LED 光照时间及喷雾时间。

二、轻松发明方法

（一）创造法名称：优化改造创造法

（二）优化改造创造法原理

生活中存在许多已经设计好的事物，然而很多成品中还有缺陷与不足，如何在原有设计的基础上根据不同需要对其进行优化改造，是该创造法的核心。

（三）优化改造创造法应用要领

① 找到一个熟知的事物，思考它的功用；② 探究是否有比原有设计更好的使用原理；③ 创造出更加完善有效的方案，运用多种技术进行改造与优化。

三、轻松发明思想

（一）发明家的思维模式

善于观察思考生活中的细节，遇到困难时思考多种解决方法，尝试各种不同的假设。已有的设计发明中有优点也有不足之处，我们应将优点加以合并，并探究规避不足的新途径。

（二）发明家的行为模式

对已有的想法及时整理并记录，不遗漏任何的灵感。不怕出错，勤动手。将自己学习的知识运用到发明中。

（三）参赛者的发明梦想

很小的时候我就喜欢养各种花草，但每当出远门几星期，回来之后就会发现家中的养的花草因没人照料而干枯。所以我想发明一个全自动花盆，能在无人看管的情况下照料花草，还能对种植土壤的 pH 与干湿度进行监测。

（四）罗老师点评

"很小的时候我就喜欢养各种花草"，也许很多人都有这样的感慨，感慨之后，也可能会思考很多问题，然而，只有学习了发明创造方法之后，才有可能将自己对问题的思考与发明创造联系在一起。发明家的思维往往和没有发明经验的人有很大的区别，当发明思维与人生感悟相结合时，就可以常常有发明方案产生。

通过"多功能""自动化"两个限定词汇，就可以将"花盆"这个主体限定在"多功能"和"自动化"的范围内，为什么本书的学生普遍采用这种模式给发明取名字呢？这是由于我要求同学们在为自己的发明作品取名字时，一定要"定位"，一定要加适当的限定词，比如先进的词汇、实用的词汇，这样别人从名称上就能明白发明作品的主要特点。在申请国家专利时，既方便审查员理解发明作品，也方便购买专利的买家一目了然。

多功能自动化花盆由崔嘉丽同学发明，这也让她第一次体验到了发明创造带来的快乐与成就感。希望崔嘉丽从这个发明开始，以发明创造方法为工具，获取更多的发明创造灵感和动力。

案例 7

多功能轮椅

侯泽勋

多功能轮椅由侯泽勋同学发明。侯泽勋同学荣获第 15 届中国青少年创造力大赛铜奖（参赛编号 201903448），参赛时就读于河北省衡水第一中学，现就读于河北工业大学建筑环境与能源应用工程专业。发明指导教师：罗凡华。

一、轻松发明方案

（一）发明名称：多功能轮椅

（二）发明方案附图

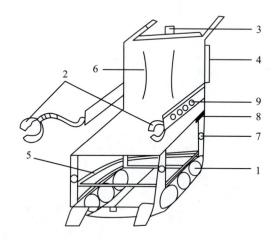

（三）发明方案附图各组成部分说明

各组成部分名称：1. 多地形适用轮；2. 伸缩臂机械手；3. 可伸缩简易床；4. 便携餐桌；5. 置物架；6. 加热按摩靠背；7. 可升降座椅；8. 调节座椅角度调节器；9. 按钮。

二、轻松发明方法

（一）创造法名称：另辟蹊径创造法

（二）另辟蹊径创造法原理

任何事物都有其固有的形态与功能，但在其平常的形态与已有的功能中往往会有许多有待提升的空间，因此，打破固有思维，另辟蹊径，往往能够带来更好的发明方案。另辟蹊径是为了改变与提升，从现有状态中寻求精致与便利。

（三）另辟蹊径创造法应用要领

生活中许多事物的产生都是为了给人们提供便利，但人们往往止步于其已有的现状。想要另辟蹊径，便要求我们着眼于生活小事及寻常事物，打破常规，仔细观察，发现可提升的空间并做出新的创造。

三、轻松发明思想

（一）发明家的思维模式

同是观察一个物品，发明家应该看到物品的缺陷与不足，或是发现其潜在提升空间，想到如何改进，以及如何提升，利用可改进空间，设法产生发明构想，完成发明方案，达到发明的目的。

（二）发明家的行为模式

发明家要像侦探一样观察生活，做到细致而深刻。善于发现是学会创造的基础，观察要细致入微才能发现问题并做出改变。有一个同学观察植物，只看到颜色与大小，就称自己掌握了该植物的基本特征；而有的同学能够仔细观察叶片形状、细微绒毛等，可谓细致入微的了解。

（三）参赛者的发明梦想

我在餐馆吃饭时，看到行动不方便的人使用轮椅。虽然轮椅能够为行动不便者带来便利，但是仍存在很多不足，于是我便创造了多功能轮椅，极大地提高了轮椅的使用价值，可以为残疾人带来更多便利。

（四）罗老师点评

依据《专利法》，每个发明创造的结构应该明确描述，专利就是保护一种创新的结构或方法，结构也体现了每个组成部分之间的关系。本发明结构图基本可以反映各组成部分之间的关系，也是青少年发明创造的基本范本。

观察生活是发明家的一个重要素养，侯泽勋同学通过细致观察生活，发现轮椅在使用过程中存在潜在的问题，并设计出这样一个多功能轮椅来解决这些问题，这正是发明家的思维模式，非常值得肯定。

　　在侯泽勋同学的发明方案中，多功能轮椅采用了多地形适用轮，相比两轮或四轮式轮椅，具有更强的适应多种地形的能力，甚至如果设计合理，还可以实现上下楼梯，解决普通轮椅只能在平地或斜坡上使用的短板。通过配置伸缩臂机械手，可以帮助轮椅使用者取到高处物品。通过结构设计可以使轮椅变身简易床和餐桌，实现了一物多用。还有置物架、可加热的按摩靠背、可调节高度及角度的座椅等。这些小细节的设计，充分体现了发明者的人性化设计思想。能够看出侯泽勋同学在平时的生活中对现有轮椅使用中的弊端深有体会，是一位非常细心的同学。美中不足的是没有对各个按钮的具体控制功能展开描述，也缺乏参数设定与尺寸约定，该发明创造方案有待进一步完善。

　　希望侯泽勋同学就读大学后，深入研究机械结构设计、智能控制等各方面的技术，早日实现多功能轮椅成品化，为更多的轮椅使用者带来更多的便利。

案例 8

智能多功能衣柜

张婧瑶

智能多功能衣柜由张婧瑶同学发明。张婧瑶同学荣获第15届中国青少年创造力大赛银奖（参赛编号201903419），参赛时就读于河北省河北衡水中学，现就读于同济大学土木工程学院。发明指导教师：罗凡华。

一、轻松发明方案

（一）发明名称：智能多功能衣柜

（二）发明方案附图

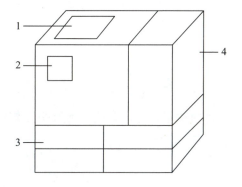

（三）发明方案附图各组成部分说明

各组成部分名称：1. 放衣口；2. 显示操作面板；3. 取衣口；4. 储衣箱。

补充说明：类比智能的冰箱，也可以让衣柜带上智能的多功能，减少人们整理衣物时的麻烦，还根据天气智能搭配衣服，以方便使用者的生活。该衣柜可对衣物自动进行整理与分类；智操操作系统可根据天气等情况自动搭配使用者所需的衣服；使用者每天只要拉开抽屉便可取出当天的衣服；该衣柜也拥有普通衣柜储存衣服的功能。

二、轻松发明方法

（一）创造法名称：功能结合创造法

（二）功能结合创造法原理

从实际的功能出发，结合多方面的需求，把其他生活用品已有的功能进行迁移，实现多种功能的结合，从而实现能够满足人们的多种使用需求。

（三）功能结合创造法应用要领

① 见到问题或需求时，不仅要从问题入手，还要观察已有事物的其他功能；② 把已有的不同功能进行整合能实现"1+1 > 2"的效果。

三、轻松发明思想

（一）发明家的思维模式

发明家在善于发现问题的同时，也应有多元的思维方式，不能只从问题单方面入手，还要从多方面切入。一个物品的问题或许可以从其他物品上找到答案，因为解决问题的方法若不在问题本身，那就在我们身边。

（二）发明家的行为模式

发明家需要不停地钻研，不断地改进，不吹毛求疵，但要力求完美，在进行发明创造时要多方面推敲，不怕暴露问题，因为只有把每个问题都解决了，才能有成功的发明。发明家的工作看似不易，但一步步走下去总会见到自己的发明成果方便了人们的生活。

（三）参赛者的发明梦想

每个人都有成为发明家的能力，我们都可以发现生活中的不足，只是少了改变的动力和途径。上学时，我曾因噪声睡不着却又怕戴耳塞听不到起床铃声，于是自己动手做了一个有闹钟的耳塞，从而解决了这个问题。发明常常是从生活出发，为了方便自己与他人。

（四）罗老师点评

该发明创造方案基本清楚，符合《专利法》要求，结构虽简单，但创意很好。

中国青少年创造力大赛暨钟南山创新奖是一个鼓励青少年发明的创新平台。就读于河北衡水中学的张婧瑶同学发明的智能多功能衣柜，就是对现有产品的改进。局部改进也是发明创造。发明创造可以是对产品的技术改进，同样也需要具体的改进意见，详细说明需要专利保护的内容，包括尺寸大小、结构原理、电子电路、应用材料、使用方法等。

目前就读于同济大学的张婧瑶同学，可以在大学这个大平台上，利用更好的发明创造环境，深入研究发明创造的细节，在大学的实验室中，在专家教授的指导下，选择更先进更智能的发明课题，攀登更高的创新高峰，取得更好的发明成果。

案例 9

多功能远程直播教室

李世龙

多功能远程直播教室由李世龙同学发明。李世龙同学荣获第 15 届中国青少年创造力大赛银奖（参赛编号 201903411），参赛时就读于河北省衡水中学，现就读于天津大学求是学部未来智能机器与系统平台。发明指导教师：罗凡华。

一、轻松发明方案

（一）发明名称：多功能远程直播教室

（二）发明方案附图

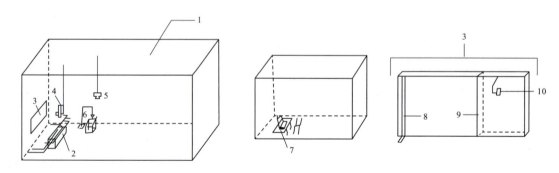

（三）发明方案附图各组成部分说明

各组成部分名称：1. 直播端教室；2. 多媒体讲台；3. 多功能黑板；4. 立体摄像机；5. 立体投影仪；6. 立体打印机；7. 学生端家用电脑；8. 快速黑板擦；9. 吹风烘干机；10. 投影仪。

补充说明：直播端教室用于现代化学校或直播公司，可以远程模拟普通教室，给老师提供更好的教学氛围。多媒体讲台为普通校用多媒体讲台。多功能黑板的详细结构见组成 8、组成 9、组成 10。立体摄像机用于录制教师课程，并传送给学生。立体投影仪用于投影学生的实时状况，如听课状态，以便更好地模拟教室环境。立体打印机用于快速打印学生需要上交或呈现的物品。学生端家用电脑（含立体摄像头），其中，家用电脑用于学生听课，立体摄像头采集学生听课情况，并实时传送到直播端教室。多功能黑板方便老师讲课，其中，快速黑板擦从入水口注入水后，可直接平移把黑板擦干净，防止粉笔灰尘对老师的健康造成影响。吹风烘干机用于烘干黑板擦擦黑板时留下的水渍，以便快速再次使用。投影仪与多媒体黑板配套使用。本发明用于解决远程直播教室中不真实感的问题，有益于直播事业的迅速发展。

二、轻松发明方法

（一）创造法名称：由果溯因创造法

（二）由果溯因创造法原理

"以终为始"是一个高级的制定计划的方法。同理，此处的由果溯因，也是先思考要解决的现实问题，再结合所学知识，寻找解决方案。由果溯因，一步一步调整方案，逐个解决问题，最终创造出完全符合需求的发明。

（三）由果溯因创造法应用要领

① 要有明确的创作需求，以便更好地设置方案，让发明更符合使用目的；② 要有丰富的储备，以便更好地解决问题；③ 要有发散的思维和快速的思考力，以便分析问题。

三、轻松发明思想

（一）发明家的思维模式

发明家应主动发现问题，以更好地服务大众，可用由果溯因法追溯解决方案，提供相应的发明。

（二）发明家的行为模式

从学校老师与直播爱好者中搜寻所需问题并追溯解决方案。例如在建造智能教室时，以符合学校模式为结果，追溯如何创造更好的模拟教室为解决方案，从而为教师和学生提供好的远程学习环境。

（三）参赛者的发明梦想

我的理想是发明能为更多学生提供便捷学习的直播设备。该发明不仅能让学生更好地学习，还能服务大众，让大众能享受到直播的便利与乐趣，让网络直播与现实更接近。

（四）罗老师点评

本发明创造有较详细的补充说明，符合专利法的基本要求。组合是发明创造的好办法。该发明方案的设计图纸和说明，可以提交给国家知识产权局申请国家发明专利，由于国家专利审查十分严格，是否能够获得国家专利授权，还需要进一步说明核心技术在哪里，具体结构如何，专利保护权利是什么。

发明创造者也是发明创造方案的设计者、未来产品的决策者，发明创造者的成就指数较普通人高，创新能力也较强。中小学生从事发明创造工作虽然稍显力不从心，但是，青少年参与发明创造过程，体验发明创造乐趣，建立发明创造思维，对培养中小学生的创造力十分有利，其创造力的提升也会十分显著，更有可能成为产品技术设计的储备人才。

希望李世龙同学就读天津大学后，在求是学部充分利用未来智能的平台，深入研究创新思想，为发明创造寻找灵感和提供技术，创造出具有世界先进水平的远程智能学校，获得更多国家专利，为数字经济创新贡献智慧。

案例 10

多功能导盲杖

武彬柔

多功能导盲杖由武彬柔同学发明。武彬柔同学荣获第 15 届中国青少年创造力大赛银奖（参赛编号 201903436），参赛时就读于河北省衡水中学，现就读于西南财经大学金融专业。发明指导教师：罗凡华。

一、轻松发明方案

（一）发明名称：多功能导盲杖

（二）发明方案附图

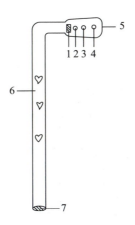

（三）发明方案附图各组成部分说明

各组成部分名称：1. 总控电开关；2. 音乐开关；3. 紧急呼叫开关；4. 灯控开关；5. 手柄；6. 杖身；7. 感应触头。

补充说明：本发明为多功能导盲杖，为方便盲人日常生活而设计。手柄为特殊橡胶制作，手感合适；杖身为特殊金属材料制作，结实牢固；总控电开关，使用时打开开关，使用完成后关闭开关；音乐开关用于盲人使用时欣赏音乐，愉悦心情；紧急呼叫开关，当使用者遇紧急情况时可用来呼救；灯控开关，方便使用者在夜晚行走时打开照明灯让其他行人及车辆看到自己，减少危险；感应触头，用于感知障碍物及分析障碍物类型并及时告知使用者。希望多功能导盲杖能帮助盲人生活得更加方便、快乐。

二、轻松发明方法

（一）创造法名称：发散思维创造法

（二）发散思维创造法原理

发散思维创造法是用发散的思维将各方面进行连接、整合和统一，继而将各方面各领域的优点有机结合，使新的统一体拥有更多功能，为生活提供更多便利。

（三）发散思维创造法应用要领

应用发散思维创造法，不能无头绪地发散，更不能强行整合，而是要基于一定逻辑进行发散与发现，继而将各部分合理有序地进行结合，使其在综合多种功能的同时，不显凌乱，方便控制。

三、轻松发明思想

（一）发明家的思维模式

注意生活中的小事，观察生活中不方便、需改进之处，进而思考出自己要发明或改造的对象。善用发散思维，可随时随地进行联想，并联系学术知识。

（二）发明家的行为模式

在有一定思路后，积极进行实践。将思考转化为实际行动，多尝试、多改进。积极学习文化知识，为发明创造储备文化知识和专业技能。

（三）参赛者的发明梦想

我希望用我的眼睛去发现生活中需要帮助的人；我希望用我的发明去帮助需要帮助的人；我希望用我微薄的力量去为越来越美好的社会献力。

（四）罗老师点评

本发明创造设计详细描述了各组成部分，符合专利申请的基本要求。

马路边的人行盲道可以引导盲人安全行走，可是，在市政建设优秀的地段，盲道可以连续，而在市政建设差的地方，盲道常常不连续，甚至没有。本发明创造的发明者正好关注了盲人这个特殊群体，并为他们设计了多功能导盲杖。

发明家如果有了爱心理念，并在设计发明作品时注入人文关怀与文学艺术元素，就一定可以设计出优秀的作品。

武彬柔同学为盲人设计了一种多功能导盲杖，她设计的每一个开关，都有一个对应的功能，杖身还刻有爱心图案，每一处设计都倾注了她对盲人的关心与关爱。

我们特别鼓励在发明作品中表达自己的情感、态度、价值观，因为这是优秀的发明家品质。武彬柔同学进行发明的目的就是"希望多功能盲杖能帮助盲人生活得更加方便和快乐"。

也许只有发明者才具有海纳百川之能力，希望武彬柔同学带着自己的发明梦想，继续从人文与艺术中寻找发明的灵感，在步入西南财经大学后，用爱心探索发明，用智慧服务未来，用爱心传播爱心，用设计关爱世界。

案例 11

与手机软件配套使用的在线语音翻译器

李骐宇

> 　　与手机软件配套使用的在线语音翻译器由李骐宇发明。李骐宇同学荣获第 15 届中国青少年创造力大赛银奖（参赛编号 201903410），参赛时就读于河北省衡水第一中学，现就读于北京工业大学都柏林学院软件工程专业。发明指导教师：罗凡华。

一、轻松发明方案

（一）发明名称：与手机软件配套使用的在线语音翻译器

（二）发明方案附图

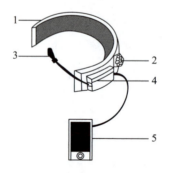

（三）发明方案附图各组成部分说明

　　各组成部分名称：1. 环状设备；2. 长度调节旋钮；3. 语音信号接收器；4. 语音信号处理器；5. 配套手机终端。

　　补充说明：本发明是一款可随时随地使用的语音翻译器，其主体部分由可套在脖子上的环状设备及语音信号接收、处理器组成。

　　该设备功能的发挥主要依靠手机终端相关手机软件中的语言种类设置，由语音信号接收器接收使用者发出的语音，经过处理装置翻译为所需要语言，并呈现于手机屏幕上，从而完成翻译。

　　该机器除了主要的翻译功能，还考虑到使用者的舒适性，可套在脖子上的环状主体内侧带有适合接触皮肤的、舒适的材料，可避免使用时的不适。此外，通过调节长度调节旋钮，主体长度可相应调节，以适应不同人的需求。

本发明主要应用于日常生活中语言相异者之间的交流，以解决语言交流障碍所带来的不便。

二、轻松发明方法

（一）创造法名称：生活需求创造法

（二）生活需求创造法原理

生活中有许多令人困扰的难题，如何解决难题，让生活更加方便轻松，是创造的必要依据。立足于日常生活，以生活需求为本，满足人们日常生活中的需要，是该创造法之本。

（三）生活需求创造法应用要领

细心观察生活中的种种不便与不足，在缺陷中获取灵感，思考解决方法，将之付诸实际创造，使其适用于现实，成为满足生活需要的工具。

三、轻松发明思想

（一）发明家的思维模式

发明创造应以满足生活需要与现实需求为本，注重人们日常生活质量的提高，将实际放于首位。

（二）发明家的行为模式

发明家应当善于观察生活，既对自身生活中的不足产生思考，又对他人生活所需加以留心，立足于每个人的生活实际，创造对日常生活有益的工具。

（三）参赛者的发明梦想

学习软件编程与创意设计是未来高增长行业的需要，人工智能将成为第一重要产业。因此，我的理想是成为人工智能专家，向业内领军人物学习，并努力超越他们。

（四）罗老师点评

当今世界的国际化进程不断推进，人与人即使地处地球两端也能随时通信，但语言的不同却成为我们沟通的一大困难，掌握并翻译一门外语并不难，但如何实时准确地翻译和传递多国语言绝非易事，这就需要我们进行发明创造与技术创新。

目前市面上推出的一些手机软件、语言翻译器等，虽不能实现理想中的效果，但在商务谈判、旅游出行等方面仍然为使用者提供了非常大的帮助。李骐宇同学结合了手机软件的翻译器功能，发明了一种可穿戴式的翻译器，在一定程度上解放了使用者的双手，让使用者可以随时随地进行沟通，可以说在功能上有了非常大的改善。同时，希望李骐宇同学对此发明做进一步的改进，比如集成接收和发出功能，既能将自己的语言转换成对方语言，也能将对方的语言转换成自己的语言。这就需要李骐宇同学在人工智能语音识别领域和穿戴设备集成领域有进一步的学习和提升，希望以后你能早日实现。

案例 12

零耗能雾霾净化机

袁铭希

零耗能雾霾净化机由袁铭希同学发明。袁铭希同学荣获第15届中国青少年创造力大赛银奖（参赛编号201903466），参赛时就读于河北省衡水第一中学，现就读于天津大学电气自动化与信息工程学院。发明指导教师：罗凡华。

一、轻松发明方案

（一）发明名称：零耗能雾霾净化机

（二）发明方案附图

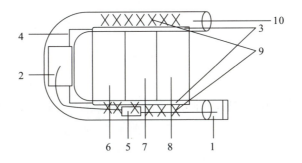

（三）发明方案附图各组成部分说明

各组成部分名称：1. 电动机；2. 电解池；3. 催化极板；4. 二极管；5. 雾霾传感器；6. 硝酸电解液；7. 硫酸电解液；8. 烃类电解液；9. 接触网；10. 导风管。

补充说明：零耗能雾霾净化器的工作原理为通过燃料电池、电解池的混合使用，实现无外加能源供给的供能效果，能源提供完全依靠烃类污染物及氮、硫氧化物。

本设备工作时，电动机将污浊气流供入导风管，烃类、硫氧化物类、氮氧化物类会在各自区域被转化为 CO_2、H_2SO_4 和 HNO_3，转化时释放的能量通过燃料电池转变为电能供入电解池并以化学能形成储存，同时电解池可充当电池为电动机供电，以此充分利用污染物中的能量，同时达到清除污染物的目的。

当传感器感受到大气污染严重时会接通电动机电路，设备开始工作。此设备可有效清除空气中的多环芳烃、稠环芳烃等有害有机物质，同时可生产化工产品硝酸和硫酸，一举两得。

二、轻松发明方法

（一）创造法名称：节约创造法

（二）节约创造法原理

绝大多数机械设备均会有所消耗，如能源、材料等。节约创造法的入手点是探求将损耗降至最小的方式，或从其工作过程中寻找出可以进行回收或利用的资源的途径。通过节约创造法改进的产品，大多具有耗能少、维修率低等特点，经济而实惠。

（三）节约创造法应用要领

① 探求产品有消耗的方面，思考如何减少消耗；② 打破"这种方法就应当有所损耗"的思维定式，看一看已经很成功的事物在节约层面有无改进之处；③ 表达式为 $Ae \xrightarrow{\text{催化剂}} A+e$，A 表示器械，e 表示可节约的资源，催化剂为改进方法。

三、轻松发明思想

（一）发明家的思维模式

发明家会透过某一现象观察事物本质，并考虑如何进行改进或处理，从而形成发明构想。发明家的思维需发散且系统，举一反三的同时还要学会借鉴，以完成自己的作品。

（二）发明家的行为模式

发明家在发明时，思考应有广度和深度，在具体实现自己的发明创作时应兼顾理论、误差及实际问题。

（三）参赛者的发明梦想

我曾利用虹吸原理制造出一个鱼缸清理装置，即将灌满水的皮管一端伸至鱼缸底部，另一端搭在鱼缸外，管口低于缸底，如此将底部的水通过虹吸吸出，同时带出缸底污物，十分实用。我梦想能发明出清理海洋污物的装置。

（四）罗老师点评

发明创造重在创意创新思维，袁铭希同学发明的这种使用电解池及燃料电池的方式进行空气净化的装置，提供了一种新的净化空气的思路。

目前市面上的空气净化器多使用滤芯的形式对空气进行过滤，虽然可以过滤掉空气中的颗粒及微尘，却不能有效地过滤掉其他有害物质，并且需要经常更换滤芯。

袁铭希同学提供的这个思路，非常适合在工业场所使用，既能快速去除空气中的有害物质，还不消耗更多的能源。在设计上，由于我们常看到的雾霾中的有害物质其实大多是粉尘、颗粒等，这种颗粒、粉尘大量地进入装置，很有可能会造成装置的故障，因此应该在第一步先对空气进行物理过滤，第二步再进行化学转化，这样可以在保护装置的同时提高空气净化率。在该设计中，还有一点值得注意，由于化学反应的发生过程往往比较复杂，如果空气中含有其他物质，可能会引发其他化学反应，这种反应往往是不可控的，有时也会产生危害，所以需要在设计中进行全面考虑，保障安全。

希望袁铭希同学在以后的学习中进一步加强相关领域的专业知识，进一步完善此项发明。

案例 13

原乡的守望航天播放器

徐昊天

原乡的守望航天播放器由徐昊天同学发明。徐昊天同学荣获第 15 届中国青少年创造力大赛银奖（参赛编号 201903417），参赛时就读于河北省衡水第一中学，现就读于广东以色列理工学院化学工程与工艺专业。发明指导教师：罗凡华。

一、轻松发明方案

（一）发明名称：原乡的守望航天播放器

（二）发明方案附图

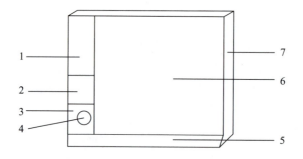

（三）发明方案附图各组成部分说明

各组成部分名称：1. 切换片；2. 音箱；3. 按钮基座；4. 按钮；5. 家人寄语显示屏；6. 家人照片；7. 液态背景墙。

补充说明：在航天飞船中，航天员可以借助该设备随时听到家人的录音，感受家人的温暖，通过按钮、音箱播放之前的录音。通过水失重而悬浮的原理，液态背景墙可以在切换后变成国旗的模样。

航天员休息时可以得到家人的陪伴。在每次开展工作前看到国旗，可以进一步强化航天员"不忘初心，牢记使命"的坚定信念。

二、轻松发明方法

（一）创造法名称：知行合一创造法

（二）知行合一创造法原理

对立于当今很多人都忙于实现自身商业价值的现状，我倡议并提出设计听从心灵所属的发明创造。通过该发明和自我对话，体会真实自我的诉求，令内心安宁。

（三）知行合一创造法应用要领

远离世俗的眼光和言论，通过内在来感受原初的思考和感悟创造，真正放下心中的羁绊，找到一份属于自己的需求和想法，进而通过创造使之实现。

三、轻松发明思想

（一）发明家的思维模式

反思过去生活中的过错和不足，找出其中的规律和要点，思考如何通过创造使得相应的错误难以再现。

（二）发明家的行为模式

首先，找出生活中的不足和缺漏，寻找解决办法。其次，找到合适的环保材料来制作，实现产品的低碳高效。接下来，了解群众的反响并反思，但不能因为受众的偏好而违背内心的初衷。最后，完善相应细节使受众更广，用户体验更佳。

（三）参赛者的发明梦想

通过源于内心的发明创造，改善人类与地球的依存关系；通过创造为祖国的航天事业和社会发展作出贡献。

（四）罗老师点评

这是一项充满了人文关怀的发明。我们在寻找创意进行创新时，既可以关注前沿的科学技术，也可以异想天开。创新思维需要在细致与细微处，体现对某一特殊群体的关怀，这样就可以产生一项非常优秀的发明。

徐昊天同学能发明出这个航天播放器，就是因为他设身处地为身在宇宙的航天员考虑。家人的鼓励往往是最能给予人以安慰的，因此，集成了家人的照片和语音的相框，使得航天员在漫长的宇宙飞行中，也能随时看到家人的影像，听到家人的声音。

　　这样的设计体现了徐昊天同学细致入微的关心与观察，他能设身处地地体会到身为航天员的思乡之情，难能可贵。我们在平时的创新中，也应该多为这类人群考虑，用发明为他们解决工作与生活的问题。对于这个设计本身来说，市面上已经出现了类似的电子相框，已可以集成不同的照片和声音。徐昊天同学的这个发明方案还需要进一步地改进，比如在编码技术与解码技术等方面进行创新，希望你在未来能为航天员提供更多的创新产品。

案例 14

多功能污染物应对装置

张　然

多功能污染物应对装置由张然同学发明。张然同学荣获第15届中国青少年创造力大赛金奖(参赛编号201903420),参赛时就读于河北省衡水第一中学,现就读于北京理工大学信息科学技术专业。发明指导教师:罗凡华。

一、轻松发明方案

(一)发明名称:多功能污染物应对装置

(二)发明方案附图

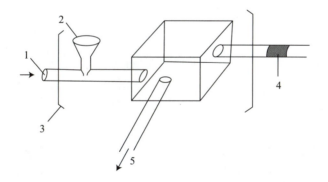

(三)发明方案附图各组成部分说明

各组成部分名称:1.进污水口;2.进料口;3.重复单元;4.流量计;5.连接控制电路。

补充说明:进污水口可以进液体废物和气体废物;进料口可以进处理试剂和固体废物;重复单元可以重复多次以满足工序需求;流量计可以监控流量,两管道口有高度差,可以避免物料回流;连接控制电路方便人工控制。

二、轻松发明方法

（一）创造法名称：理论应用创造法

（二）理论应用创造法原理

　　任何事物的存在都要有其理论依据，其中有些是可以在现代实验室中探究的，在探究过程中不免用到一些实验仪器，如果我们能把实验仪器放大，同时不影响其应用，那么会使诸多实际问题更易于解决。

（三）理论应用创造法应用要领

　　① 设法将已知问题模型化，创造思考基础；② 将实验仪器放大化，同时保证其功能不变；③ 将数学表达公式化，用理论公式总结现实问题。

三、轻松发明思想

（一）发明家的思维模式

　　发明家应当注重理论基础，并力图将理论成果实体化，科学定律实体化。先要通过建立模型明确问题是什么，再利用已有科技在实验问题中探究。

（二）发明家的行为模式

　　发明家应当善于联想并建立模型，并对各种创新实验有所了解。因为发明创造大多涉及全新的理论和思维，只有当发明家怀有"敢为天下先"的精神时才能更好地将理论实验模型转化为实际成果。

（三）参赛者的发明梦想

　　我希望能发明一种广谱污染物处理系统，能处理大多数污染物，以减少污染物对环境的危害。如今，我国正处于从高速发展向高质量发展的转型期。党的十九大报告指出必须坚定不移贯彻创新、协调、开放、绿色、共享的发展理念。我的发明有力契合国家发展方向，符合时代背景，能为国家发展助力。

（四）罗老师点评

　　发明创造需要将不同领域的概念整合在一起，张然同学的发明是一种具有数学思维的环保装置，这种具有数学思维的方式能够为我们解决一系列的问题而不是一种问题。

　　假设有多种污染源，不同的污染源有不同的排污处理方式，而我们如果针对每一种处理方式都发明一种装置，不仅处理效率低且占用过多资源与空间。

　　张然同学为我们提供了一种新思路，污染物入口可有效识别污染物类型，并且处理区可以切换不同的处理方式，这样就可以使用同一套装置应对不同的污染源，这是一种高效且创新的发明思路。但是在设计作品装置时，张同学没有考虑到具体的使用场景。对于此类发明，应当具体举例几种使用场景，这对完善发明的细节及考虑具体可实现程度，都有很大的帮助作用。总体来说，在高中阶段就可以提出这种具有普适性、建模性质的创意，说明张然同学具有很好的数学思维，这对他今后的学习和发展都非常有帮助。建议张同学以后可以通过逻辑与建模的方式解决更多问题，相信你在未来一定能够在专业上有所建树。

案例 15

多功能潜水汽车

郑雨昆

> 多功能潜水汽车由郑雨昆同学发明。郑雨昆同学荣获第 15 届中国青少年创造力大赛金奖（参赛编号 201901630），参赛时就读于河北省石家庄育英实验中学，现就读于福建农林大学动物科学学院（蜂学学院）蜂学专业。发明指导教师：罗凡华。

一、轻松发明方案

（一）发明名称：多功能潜水汽车

（二）发明方案附图

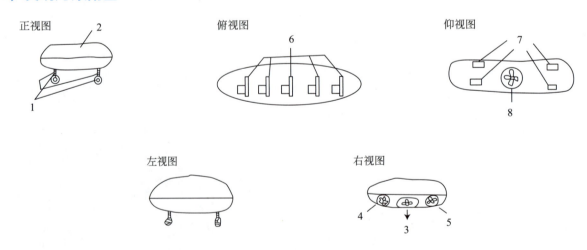

（三）发明方案附图各组成部分说明

各组成部分名称：1. 可伸缩车轮；2. 全透明防折射密封钢化玻璃舱；3. 直行动力马达；4. 左转动力马达；5. 右转动力马达；6. 单排座位；7. 车轮起落架防水密封口；8. 逃生舱马达。

补充说明：该装置为胶囊型潜水汽车，下面有 4 个可伸缩车轮，因汽车整体密度大于水体密度，所以未设有下沉方向的马达，车轮收入起落架的过程在下潜时进行，轮舱内设有排水装置。该汽车上半部分全部为高强度钢化玻璃，供观察周围事物；下半部分有可发光装置，可照亮周围水域。

　　该汽车长约 4 米，宽约 1 米，目的在于在水中减小阻力，实现快速提速，便于逃离危险，车内设有 5 个驾驶座位，并且均有急救装置置于座位下方，人力发电装置为脚蹬。由于汽车为耗能装置，且密度大于水，所以需要有逃生舱实现自救以防止人员随车坠入深海。

二、轻松发明方法

（一）创造法名称：学术结合创造法

（二）学术结合创造法原理

　　将多学科中的知识与已有事物进行结合，使该装置运用到实践中去，使新生事物比起原有事物能发挥更多功能。对于所发明的装置既要符合已知理论，又要结合多方面的思考。例如，不能为了加强玻璃硬度而一味地加强玻璃厚度，因为这样可能会产生较强的光学现象。

（三）学术结合创造法应用要领

　　设计发明时，要多方面思考。例如本装置在收入车轮时，车体已在水面上，所以要增设轮舱排水装置，以防损坏或腐蚀机体。该设计一定要学术理论结合多向思维，以防其在运用过程出现不必要的麻烦，同时还要以精简为纲，在节约成本的同时，做到使用效能最大化。

三、轻松发明思想

（一）发明家的思维模式

　　要从身边已有的事物出发，要从增设其功能出发，并且合乎实际；要考虑周围事物的变化趋势，使其更利于实际应用；要让新发明与安全装置完美结合；要敢于打破现有常规，敢于从不可能的夸张角度思考，并逐渐靠向实际。

（二）发明家的行为模式

　　要用微型模型关联自然环境，衡量其是否能在现实中实现。从草图入手，从材料理化性质入手，从客观规律与主观需求入手，从已有的构思中挖掘缺陷，并设法弥补缺陷，使新生事物尽善尽美。将新生事物与原有事物相对比，反观改良是否必要，是否实用。

（三）参赛者的发明梦想

　　我想要进军电子科技领域，为机械化的今天设计出更好的系统，使装置在改良中升级并且便于操作；

我更希望我的作品能涉及安全领域，为当今的高风险行业做出更人性化的系统，保障从业人员的安全。

（四）罗老师点评

异想天开是发明创造的要素，当把汽车和潜水艇结合起来，就会产生这样一个发明——多功能潜水汽车。这款汽车既可以在陆地上行驶，也可以在水下行驶，还配有玻璃视窗和照明灯，看起来是一项不错的水下观光车或者海滨城市的交通工具。

郑雨昆同学还在设计图中为汽车配备了人力发电机，可以使该潜水车在水下发生故障或者需要快速逃离危险的时候派上用场，具有一定的安全保障。我们在进行一项产品的设计时，应该从多个角度对它进行评估，如可实现性、可应用性、创新性等，并且需要考虑这样的产品是否能有效地提高效率，是否具有人文关怀，等等。一个好的发明往往不需要保证每一个角度都能够符合现实，异想天开的发明往往能够提供创新的思维，看起来很平凡的发明使用在不同的场景，也往往能够发挥不同的价值。

郑雨昆同学的这个关于潜水车的发明，其可实现性与可应用性都需要进一步研究。如果在未来，该潜水车被顺利地制造出来，我们就可以开着这种车到水底兜一圈，享受水底世界的美好。郑雨昆同学的这项发明展现着人类对更广阔世界的向往，希望你能保持这份好奇与初心，继续探索更广阔的天地。

案例 16

多功能健康工作设备

马子璇

多功能健康工作设备由马子璇同学发明。马子璇同学荣获第 15 届中国青少年创造力大赛银奖（参赛编号 201901631），参赛时就读于河北省邢台市第一中学，现就读于河北经贸大学汉语言文学专业。发明指导教师：罗凡华。

一、轻松发明方案

（一）发明名称：多功能健康工作设备

（二）发明方案附图

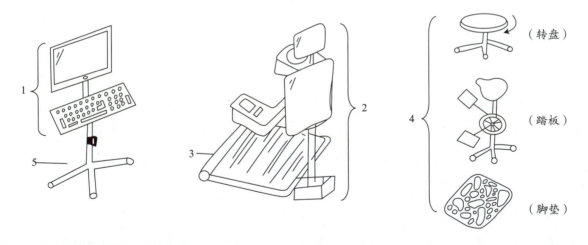

（三）发明方案附图各组成部分说明

　　各组成部分名称：1. 工作必备电子设备；2. 支撑服务架；3. 转动带；4. 可替换运动设施；5. 可调节三脚架。

　　补充说明：由于人们工作、生活的速度不断加快，许多在办公室上班的工作人员难以兼顾工作和健身，使身体处于亚健康状态，因此，发明此多功能健康工作设备的目的正是将工作与健康二者相结合。工作必备电子设备包括电脑、键盘等，还可以充分利用 AI 技术减轻使用者的工作强度。支撑服务架包括对头部和背的支撑，以及可存放水杯等物品的扶手。转动带供人们在上面进行健步走。可替换运动设施包括放松腰部的转盘、锻炼腿部的自行车踏板、促进血液循环的按摩脚垫，还可根据自身需要将它们进行随意组合。可调节三脚架用来调节工作设备高度，让工作设备与头部保持水平微向下的状态，减少因长时间工作对脊椎造成的损伤。

二、轻松发明方法

（一）创造法名称：健康组合创造法

（二）健康组合创造法原理

将有利于我们身心健康的工具、设施等通过较为简单的方式进行改造与组合，以运用到我们的工作或学习中去，实现工作与锻炼兼顾，促进身心健康发展。

（三）健康组合创造法应用要领

① 这些利于健康的组合设施一定要小巧便捷，这样不会影响使用者正常的工作与学习；② 要选择适应工作与学习环境的运动设备，不要影响到他人；③ 要结合自身情况进行选择、改造与组合；④ 要根据社会发展需要不断进行实践和改进。

三、轻松发明思想

（一）发明家的思维模式

首先，发明创造一定要有利于社会发展和人类进步，这样的发明才是好发明。其次，发明一定要既立足于整体，又着眼于部分，这样才能使整个发明系统得到优化。最后，发明要根植于生活又高于生活，从工作生活中的细节去把握、提高和创造。

（二）发明家的行为模式

发明创造不可一蹴而就，要经历从实践到认知再从认知到实践的多次反复才有可能成功。在实践的过程中要抱着寻找最优方法，达到最优目标的心态，这样才会使发明达到更好的程度。另外，在发明过程中也要不断尝试新思路，这将有可能为发明的设计带来新灵感。

（三）参赛者的发明梦想

我将致力于发明有利于人类身心健康的产品，或是便于工作生活，或是实现轻松减压，抑或是能够强身健体，因为这样的发明是站在最广大人民的立场上的。我希望我的发明可以为祖国现代化建设，中华民族伟大复兴做贡献。

（四）罗老师点评

发现问题并解决问题是发明创造者的特质，在如今的信息化时代，人们坐在电脑前，手捧一部手机，几乎可以完成 80% 的工作和学习。信息化带给人们便利的同时也给人们带来了烦恼，越来越多的人患上了"电脑病"，比如各种关节、肌肉劳损等，因严重缺乏运动所引发的问题也更加严重，肥胖、痛风、抵抗力下降等疾病正在悄无声息地侵害更多人的健康。

马子璇同学设计的这种多功能健康工作设备具有前瞻性。社会发展离不开信息化，我们不能拒绝，那么，何不把它跟健康、运动联系起来呢？具有人体工学设计的支撑架能够对人体进行有效支撑，可替换的运动设备，更是可以让使用者在工作的同时进行多种运动，缓解身体的疲劳与僵硬，有效提高工作的效率。试想我们在电脑前连续伏案工作几小时的同时，走步、转腰等活动也已经完成，岂不是太妙了？需要注意的是，在运动的过程中能否保证使用者的安全，这种在运动中工作的方式，是否适合一些涉及安全保障、高精尖技术工作的岗位，希望马子璇同学在进一步完善该设计时能有所考虑。

案例 17

筒式智能手机

贾　桐

筒式智能手机由贾桐同学发明。贾桐同学荣获第 15 届中国青少年创造力大赛金奖（参赛编号 2019031048），参赛时就读于河北省内丘中学，现就读于南京信息工程大学地理空间信息工程专业。发明指导教师：罗凡华。

一、轻松发明方案

（一）发明名称：筒式智能手机

（二）发明方案附图

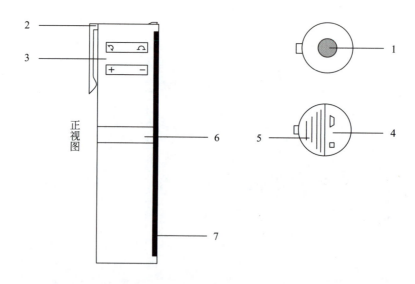

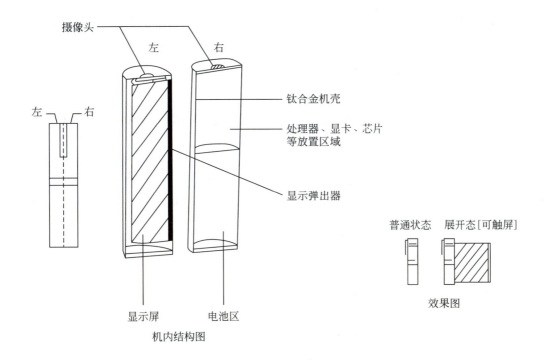

（三）发明方案附图各组成部分说明

各组成部分名称：1.摄像头；2.携带夹；3.外部快捷键；4.接口区；5.声音外播器；6.外部显示屏；7.可拉伸可弯曲式显示屏。

补充说明：机外快捷键的功能为接挂电话、加减音量。外部显示屏主要显示信息文字和来电信息。

二、轻松发明方法

（一）创造法名称：掀桌创造法

（二）掀桌创造法原理

通过对一项生活中寻常事物的全盘否定来进行创新。在保持现有使用结果不变的前提下，对事物本身的构造、主要运作方式、外观、外形等进行全部舍弃。直接从新的角度入手，重新设计并达到相同的目的，以寻求创新。

（三）掀桌创造法应用要领

① 胆大，敢于对事物已有的结构进行舍弃或替换；② 心细，在进行大刀阔斧的替换后，一定要保证新的运作模式能够带来相同的运作结果；③ 尝试，并非所有想法都能成功，但要勇于尝试，敢于试错。

三、轻松发明思想

（一）发明家的思维模式

当很多人都在用同一种东西时，发明家应该思考这种东西最本质的用途和意义是什么，并寻找同样能达到该用途的其他路径。

（二）发明家的行为模式

发明家在思考时不可忽略实用性。发明一件产品的目的便是更好地服务于生活，于是发明家在发明时一定不能忽略更简便、更低廉、更易操作等实用要素。

（三）参赛者的发明梦想

曾经有个年轻的小伙子每天忙于工作，连饭都不愿意吃了，但人毕竟是人，这样下去可不行。于是小伙子想，吃饭是为了获取能量和营养，所以自己只获取能量和营养不就好了？在这种想法的驱动下，这位小伙子设法把人每天所需的能量和营养集中在一包粉末里，于是可冲泡的食物诞生了，而且风靡全球。我也希望自己在将来能创造出影响世界的发明。

（四）罗老师点评

发明创造的技术创新也许源自一时的创意。平板手机是否应该结束了，圆筒手机时代是否可以提前到来？筒式智能手机的发明或许有一个答案。

智能手机已经成为我们日常必不可少的随身物品，但目前，所有的智能手机外观几乎都长一个样子：薄薄的长方体的机身和一块大大的屏幕。然而在第一代苹果手机之前，直板手机、滑盖手机、翻盖手机，也几乎都是一个模式，一块小小的屏幕加上一个键盘，这种模式的手机，大概持续了 10 年左右。自从苹果手机面世，时至今日，智能手机虽然在处理器、显示器等方面都有了很大进步，但是其模式始终停留在固有的样板中。贾桐同学带给我们的这一款筒式智能手机，似乎可以在智能手机领域开辟一条新的路径，这种创新中的革新精神是非常值得肯定的。或许真的有一天，我们从兜里掏出一支笔，展开就是一部智能手机。但是，产品的革新需要技术的突破，需要潜心钻研技术后，才有机会促成划时代的优秀革新产品。

希望贾桐同学能够潜心磨砺，以坚持不懈、持之以恒的精神钻研相关技术，为实现你的目标与理想而不懈奋斗。

案例 18

虚拟现实互感器

赵垭越

虚拟现实互感器由赵垭越同学发明。赵垭越同学荣获第 15 届中国青少年创造力大赛金奖（参赛编号 2019031043），参赛时就读于河北省衡水志臻中学，现就读于河北工业大学智能科学与技术专业。发明指导教师：罗凡华。

一、轻松发明方案

（一）发明名称：虚拟现实互感器

（二）发明方案附图

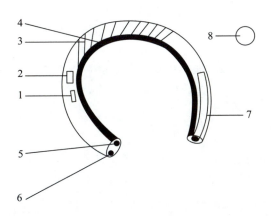

（三）发明方案附图各组成部分说明

各组成部分名称：1. 信息储存器；2. 智能信息处理器；3. 光能电池；4. 脑电波接收与反馈装置；5. 微型投影器；6. 红外感光装置；7. 伸缩式摄像头；8. 感光隐形眼镜。

补充说明：智能信息处理器是利用大数据和人工智能技术，处理信息行为和处理脑电波的接受和反馈；脑电波接收与反馈装置在接收脑电波并解析处理后，反馈给脑部并使其呈现虚拟画面；红外感光装置用于感应使用者的操作；伸缩式摄像头可用于拍摄外物，自拍时可以自动伸出；感光隐形眼镜接收微型投影器投出的画面，这样可以防止外人偷窥使用者的具体操作与接收的画面。

二、轻松发明方法

（一）创造法名称：虚拟现实创造法

（二）虚拟现实创造法原理

虚拟技术打破了现实生活中的空间、时间和服务的障碍，利用虚拟和现实相互融合的原理，构建一个新的世界。现实生活的一切生活体验，可以通过脑电波的方法反馈给大脑，使其获取与现实相同的服务体验。

（三）虚拟现实创造法应用要领

① 以虚拟技术来构建一个模拟现实的世界；② 以电波的方式反馈大脑，让使用者获得与现实相似的服务体验；③ 让使用者在虚拟世界同样可以接受教育、体验休闲等活动。

三、轻松发明思想

（一）发明家的思维模式

在全世界所有人都在享受科技的同时，发明家则应该利用科技去创造出更多的科技体验，即使是同样的技术，也应该尽量用更现代、更先进的方式呈现。

（二）发明家的行为模式

发明家要有鹰一样敏锐的目光，要像狮子般勇敢、大胆地投身于实践。历经一次次实验的失败与总结，最终取得成功。

（三）参赛者的发明梦想

我有一个梦想，就是利用虚拟技术构建一个虚拟世界，体验现实中体验不到的。比如构建一个古代世界，体会古人的生活百态，或者构建一个修仙世界，体验跋山涉水之超能。这套技术同样可以用于现实，实现更真实的数字化生活，让学生在虚拟学校中接受教育或进行一些休闲活动。

（四）罗老师点评

人与世界的关系有千万种，发明创造正是一种很好的联系路径，赵垭越同学发明的虚拟现实互感器是一种可以佩戴在头部，通过感应大脑皮层的脑电波接收和发出信号的设备，可以让使用者感受到接近真实的虚拟世界的效果。

这项发明非常具有前瞻性，目前市面上出现的 **3D** 虚拟现实设备，实现了部分的感知虚拟世界的功能，但互感方式仍然为人机互动模式，不能够真正地实现人与人之间大脑电波互感的功能。在技术上，脑电波互感技术仍然是很大的壁垒，目前人类对于脑电波的研究仍处于初级阶段，使用设备感知脑电波及发出脑电信号这样的设备也更是处在理想阶段。

因此赵垭越同学发明的这项作品，为我们提供了一种新思路，其可实现性仍需要进一步研究。实现的重点在于脑电波互感技术的突破，如果这方面的研究技术与制造技术有所突破，所有的相关应用和产品也都将获得质的提升，我们生活中的各个方面也会得到极大的提升。

希望赵垭越同学今后能在这个领域继续研究下去，努力学习相关知识和技术，相信你在将来一定会有所突破！

案例 19

多功能新型可折叠式智能课桌

王一婷

多功能新型可折叠式智能课桌由王一婷同学发明。王一婷同学荣获第 15 届中国青少年创造力大赛金奖（参赛编号 201903927），参赛时就读于河北省唐山市第二中学，现就读于武汉理工大学材料科学与工程国际化示范学院。发明指导教师：罗凡华。

一、轻松发明方案

（一）发明名称：多功能新型可折叠式智能课桌

（二）发明方案附图

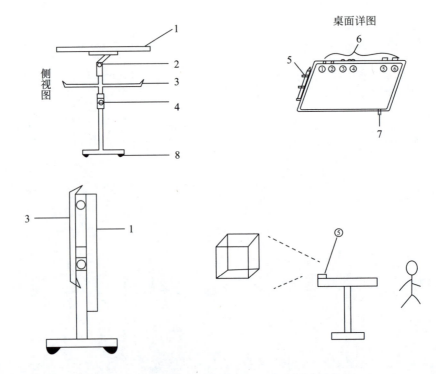

 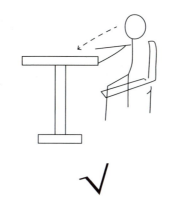

（三）发明方案附图各组成部分说明

各组成部分名称：1. 柔晶显示屏桌面；2. 桌面角度调节旋钮；3. 置物架；4. 桌面高度调节旋钮；5. 触屏笔及其卡槽；6. 各种功能按键；7.USB 接口；8. 外附式可伸缩滚轮。

补充说明：桌面的各种功能按键包括 ① 折叠键，课桌折叠后占用空间小，方便收纳和移动；② 调温器，可使桌面温度调节至人体所需最佳温度，确保使用者舒适学习，提高效率；③ 人体感应开关，可监测错误坐姿，使桌体发出振动及语音提示，提醒使用者调整坐姿，以确保使用者视力健康及骨骼的良好发育；④ 人工语音键，打开此键，可以通过人工语音对话操控课桌，实现相关功能；⑤ 全息投影键，在空气中透射出立体图像，方便使用者学习，提高学习效率；⑥ 按键电源总开关。

二、轻松发明方法

（一）创造法名称：主体附加创造法

（二）主体附加创造法原理

以普通课桌为主体，在课桌上附加电脑、调温器、摄像机、录音机、人体感应开关、人工语音等设备或功能。改变桌体的材料、结构，使桌面变温。创造出一种能帮助使用者提高学习效率、调整坐姿、保护视力等多功能的新型智能课桌。

（三）主体附加创造法应用要领

即在设计的主体上附加更多有利于使用者的相关功能。例如，在桌面上设置显示屏，并内置存储器，将试卷、课本等学习资料存储起来，减少厚重纸质书本的搬运和放置，从根本上解决置物空间不足的问题；让桌体感应其与使用者之间的距离，并通过振动提醒使用者纠正坐姿，再附加调温、录音、摄影等功能。

三、轻松发明思想

（一）发明家的思维模式

　　学生的切实需求也正是发明家的灵感来源。例如，传统课桌的功能远远无法满足学生的实际需求，正是这个需求促使我经常思考如何能有一种集电脑、摄像机、调温器、投影仪等功能于一体的功能强大、智能且人性化的超级课桌。现今已有的各种智能产品、精尖科技开拓了我的创造思路。何不将它们结合起来？

（二）发明家的行为模式

　　要广泛深入调查学生对课桌功能的改进建议及需求；全面、准确地分析数据，总结功能要点；将各项功能灵活附加到课桌上，做到科学有机地协调与结合；将发明方案交给学生们评议，吸取他们所提的意见；进一步改进、提升，确定最终方案。

（三）参赛者的发明梦想

　　有朝一日，超级课桌得到了普及。教室里的学生们坐姿端正，全民视力水平得到了显著提升；学生上学时只需带一些必需品，摆脱了沉重的书包；学生可以从屏幕上回看课业的重点难点；即便是寒冷冬日，学生也不用担心课桌冰凉……超级课桌仿佛一位良师益友，陪伴学生学习和成长。

（四）罗老师点评

　　发明创造需要将多种功能集结于一体，更需要适度调整各功能之间的关系，探索最佳组合。王一婷同学设计的新型课桌是一种智能课桌，集成了电脑、调温器、摄像机、录音、人体感应开关、人工语音等设备及功能，还可以改变桌体的材料、结构，以及桌面温度。这是一种能提高使用者学习效率、调整坐姿、保护视力的功能强大的新型多功能智能课桌。这种课桌不但可以使用在学生的学习环境，还可以使用在办公场所、服务场所、工业场所等，类似一体式操作平台，这种操作平台可以使用的范围将会非常广泛。目前的电脑、调温器、人体感应、全息投影等技术都已经比较成熟，因此王一婷同学为我们带来的这项发明的可实现性、可利用性都非常高。相信当这项发明在实际生产出来之后，将会受到很多厂家和使用者的欢迎。

　　需要注意的是，多种设备的集成有时会在实际应用时互相干扰，因此在产品设计中应当将这些因素考虑在内。目前，王一婷同学已经进入大学，希望你能继续储备相关知识，进一步完善你的发明方案，为实现自己理想的产品不懈努力！

案例 20

新型多功能智能电源插座

李伟玉

新型多功能智能电源插座由李伟玉同学发明。李伟玉同学荣获第 15 届中国青少年创造力大赛金奖（参赛编号 201903933），参赛时就读于河北省唐山市开滦第二中学，现就读于河北建筑工程学院能源与动力工程专业。发明指导教师：罗凡华。

一、轻松发明方案

（一）发明名称：新型多功能智能电源插座

（二）发明方案附图

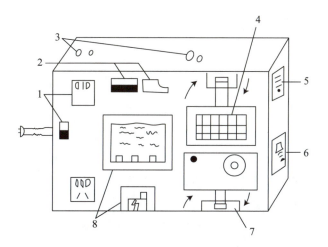

（三）发明方案附图各组成部分说明

各组成部分名称：1.防雷开关及电源插孔；2.USB 接口及储存卡插口；3.应急 LED 灯；4.可调角度烟雾气体检测仪；5.无线网络连接器；6.高音蜂鸣器；7.可调角度红外摄像头；8.多功能液晶屏和嵌入式电池。

补充说明：当接通电源后，插座上的这两个装置会自动立起，进行实时检测。当遇到有毒气体或有可疑人经过时，检测仪和红外摄像头会感知到，LED 会发光并引起高音蜂鸣器发出警报声，若无人在家，该设备会通过无线网络发出报警信号并进行视频实时传送。此产品非常坚固就如黑匣子一样，当家中发生火灾或爆炸时，事件发生后，可通过 USB 接口或储存卡插口来提取当时摄取的事发过程。多功能液晶屏可以触控，以控制整个装置的运作，也能播放视频，但只能播放红外摄像头所摄取的视频。这个由多种电子元件组合的新型多功能智能电源插座，具有防火、防水、防盗，检测气体烟雾，通过无线网络实时监控并及时报警等功能，它将会保护使用者的人身财产安全。

二、轻松发明方法

（一）创造法名称：元件组合创造法

（二）元件组合创造法原理

按照一定科学技术原理或功能目的，将现有的科学技术方法或物品等进行重新组合或安排，使其具有统一协调的整体特性，使产品具有易操作、多功能、通用性、多样性等特征。

（三）元件组合创造法应用要领

① 具有创造性，经组合使新产品的特性达到"1+1>2"的效果；② 具有广泛性，使产品适用于多个领域，无论是工作还是生活，且使用灵活，易于操作，形式多样，便于普及；③ 具有时代性，利用现有的成熟技术，进行适当合理的技术整合，达到创新的效果和目的。

三、轻松发明思想

（一）发明家的思维模式

应该深入了解，开动脑筋，找出已有产品在各个方面与众不同的问题和使用者的新的需求。深入分析问题和需求，提出解决方案，并总结解决问题的思路与过程。本着更实用、更经济、更便捷的原则，形成自己的发明方向，完成自己的发明方案。

（二）发明家的行为模式

首先，对物品进行深入的探究和分析，认真思考，制订相关的改进计划并设计图纸；然后，寻找相关的解决方法或方案，敢于实验，大胆尝试，以自己坚定的信念与决心，创造出自己构想的组合产品；最后，研究和推广自己的研发成果，使它的广泛应用成为现实。

（三）参赛者的发明梦想

我曾梦想发明一个自动化净烟吸烟神器。当你抽烟时尤其在室内抽烟，你把点燃的烟放入其中，它会自动吸收烟中有毒物质。它的外形比一根烟大一倍，它的外壳内壁有一层净化装置，前端有一个特殊的生物膜，它只允许氧气、水、二氧化碳进出，尾部有一个装置，可控制气流大小。

（四）罗老师点评

　　安全研究是发明创造者十分关注的领域，李伟玉同学发明的这种智能电源插座，集成了一系列特殊功能，例如检测烟雾及有毒气体的装置，防雷及防爆防火装置等。这款装置更适合在极端的环境下使用，称作在多种环境下使用的智能多功能插座更贴切一些。目前在市面上出现的一些智能插座，大多使用在家居环境中，通过网络、语音实现智能控制，但是李伟玉同学的这项发明方案的重点在于可以检测到环境的变化，并且在各种环境下都能进行安全防控，非常适合使用在工业环境或者相对复杂的环境中，保证使用者的安全。这项发明中集成的各种功能，在技术上已经基本实现，因此本项作品的可实现性还是比较高的，但是在设计的过程中，需要提升设备耐用性的因素，如果想要达到在起火、遇水等环境下还可以正常运行，需要一系列的安全措施，包括产品外壳的防水防火性，产品内部的电源控制等等，都要进行细心设计，才能够达到理想的效果。希望李伟玉同学可以在这方面进行改进与提升，相信这项发明以后一定会成为广受欢迎的产品。

案例 21

夜间可视保暖按摩发电鞋

廖雨晨

> 夜间可视保暖按摩发电鞋由廖雨晨同学发明。廖雨晨同学荣获第 15 届中国青少年创造力大赛金奖（参赛编号 201903931），参赛时就读于河北省唐山市第二中学，现就读于青岛大学金融学系金融学专业。发明指导教师：罗凡华。

一、轻松发明方案

（一）发明名称：夜间可视保暖按摩发电鞋

（二）发明方案附图

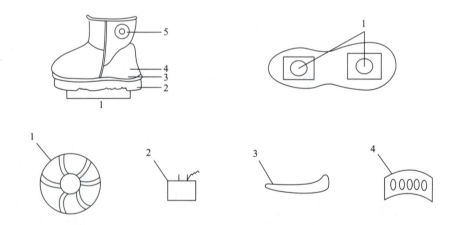

（三）发明方案附图各组成部分说明

　　各组成部分名称：1. 内置轻质滑轮；2. 内置发电机装置；3. 动力自热鞋垫；4. 简式按摩装置；5. 轻质夜光灯。

　　补充说明：鞋底滑轮上装有动力转换装置和感应装置，可通过滑行摩擦产生电能并供应给发电机用于发电。鞋底可放出内置轻质滑轮用于滑行，也可将滑轮收起，鞋底收纳滑轮的内嵌装置使用轻质金属材料，不影响行走的舒适感。后脚跟处的内置发电机装置，可用于给身上的电子设备，如手机进行充电。动力自热鞋垫上有传感器及发热器，可通过行走时脚对鞋垫的挤压来使鞋垫上的发热器发热起到保暖脚部的效果。

鞋壁上有简式按摩装置可于等公交车或上班闲暇时对穿戴者进行脚部按摩，以舒筋活血。轻质夜光灯可用于夜间照明，同时其表面带有的反光带可于使用者夜间行走时提醒过往车辆。

二、轻松发明方法

（一）创造法名称：关注联想创造法

（二）关注联想创造法原理

根据自己关注的问题，联想并寻找解决方案。设计相关发明。例如，缘起，孩子的母亲在商场前台工作，孩子悄悄地来到了商场，看到母亲不时地揉一揉因站得过久而酸痛的双脚，孩子心疼极了；联想，他决定用自己的办法来替母亲分忧，于是他更加刻苦地读书并在课余时间为母亲设计了保暖按摩鞋。

（三）关注联想创造法应用要领

① 关注你所关心的人或事，找到存在的问题或缺陷的细节，加入自己对此细节的理解和认识；② 通过联想进行发明构思与创 造，最终达到解决问题的目的。

三、轻松发明思想

（一）发明家的思维模式

在平凡之中发现问题，用发明的眼光看待问题，对问题展开细致深入的研究，结合相关知识提出与众不同的方案，用创新的视角去解决问题，不断优化自身的创新思维方式。

（二）发明家的行为模式

首先，需要对发明时所用到的科学知识十分熟悉；其次，对于发明所需配件要精心研究；最后，要掌握实践技能，并通过对产品的不断测试和改良，发明出真正具有实效价值的优秀产品。

（三）参赛者的发明梦想

希望我的发明能带给大家一些便利，也希望有更多的人怀有和我一样的想法，然后我们因为热爱发明和喜欢创造而聚集到一起，在未来开办世界级的发明社，一起用发明去改善生活，用创新去造福人类。

（四）罗老师点评

生活中不缺问题，问题不缺解决办法，解决问题的好办法之一就是发明创造。廖雨晨同学发明的夜间可视保暖按摩发电鞋共由 5 部分组成，其亮点在于内置、自热、夜光等。按摩对于现代人来说是非常必要的，因为很多人都处于一个亚健康状态，市面上已有的按摩器械大到按摩椅，小到按摩手套，最终的目的是让人们缓解工作、学习等带来的压力。但是按摩椅需要空间来摆放，而且人们需要专门腾出时间来才能享受按摩。

　　而廖雨晨同学的发明设计完美地避开了需求与时间的冲突。只要将其穿在脚上就可以按摩，并且还充分利用了产品自身设置的优点，比方说内置发电装置、按摩器及发热器等，既满足了现代人的都市生活需求，又让亚健康人群及时获得调理。廖学生的发明作品总体来说符合大众的需求，但还可以更细致一些，例如把群体细分为学生、上班族、老年人，把产品细节设计得更精致，分出四季不同的款式，使之成为每个人生活中的必需品和必备品。

　　希望廖雨晨同学在大学的生活中博采众长，在学习中不忘发明创造，把自己的闪光点放大，在自我提升的基础上也为社会贡献一份力量。

案例 22

新型智能消防抢险衣

张明惠

> 　　新型智能消防抢险衣由张明惠同学发明。张明惠同学荣获第 15 届中国青少年创造力大赛银奖（参赛编号 201903948），参赛时就读于河北省唐山市开滦第二中学，现就读于南京理工大学泰州科技学院电气工程及其自动化专业。发明指导教师：罗凡华。

一、轻松发明方案

（一）发明名称：新型智能消防抢险衣

（二）发明方案附图

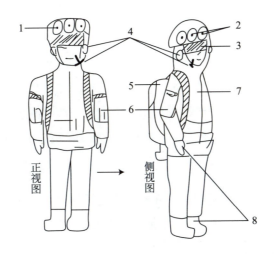

（三）发明方案附图各组成部分说明

　　各组成部分名称：1. 热源感应探头；2. 红外扫描仪与雷达探测器；3. 图形分析显示器；4. 耳麦与多频道通讯器；5. 定位降落伞；6. 缓降绳索；7. 智能温控服；8. 防电靴与防电手套。

　　补充说明：热源感应探头用来准确找到火源；在图形分析显示器的辅助下，不需要搬运其他物品，就能看清现场建筑结构；耳麦与多频道通讯器可以避免通讯被阻断，并且能减轻手持对讲机的负担；智能温控服可将抢险衣内的温度控制在体表舒适温度；防电靴与防电手套可避免触电。该抢险衣利于高层建筑火灾救援，利于及时逃离火场。

二、轻松发明方法

（一）创造法名称：贴近生活创造法

（二）贴近生活创造法原理

我们的所用、所得皆来自我们身边的事物，当我们观察身边的事物时也会获得一定的启发，留心身边事，发现不足，发展自己的想法，对我们身边的事物进行完善，查漏补缺，让发明创造更贴近生活。

（三）贴近生活创造法应用要领

① 留心身边事物，做一个善于观察的人；② 学习其事物的本质和原理，寻找其不足之处；③ 大胆地发挥想象去完善身边的不足，让发明创造更贴近实际所需。

三、轻松发明思想

（一）发明家的思维模式

将所学知识与生活实际相联系，外加大胆想象。例如，在一场亲身经历的火灾中，我目睹了火场的无情以及人类在意外灾害面前的渺小。面对无畏的消防员一次又一次地冲进火场，让我立志要为他们做些什么，比如抢险过程中消防员的抢险服还不够完善，如何改进能使其更智能一些，从而减少消防员的伤亡。

（二）发明家的行为模式

发明家应该像设计师一样善于思考与想象，并把内心所想与生活实际相联系，而且思维要独特，在平时的生活中就要主动培养自己的思考分析能力和发散思维能力，将自己的想象力结合于实际应用。

（三）参赛者的发明梦想

希望我的创造与发明能够在一定程度上改善人们的生活；希望我的发明能成为一个令生活更加便捷的工具，给人们在生活中带来便利；希望我的发明能够跟随时代的发展不断改进。

（四）罗老师点评

发明创造所涉及的领域很多，需要发明人关注更加广泛的技术领域。消防员是和平年代中最危险的职业之一，消防员为了人民的生命和财产安全，无私地奉献着自己的热血甚至生命，他们是最可爱的人。张明惠同学设计的这款新型智能消防抢险衣有效地保护了消防员的安全。精准定位、让消防员第一时间精准确认着火点，缩短了灭火时间；恒温设计，让消防员避免了被高温炙烤；耳麦与多频道通讯器，除了和同事对接，也可以在消防员自身安全受到威胁时及时发出求救信号，降低消防员受伤概率等。

建议张明惠同学给这项发明添加浓烟过滤器，可以及时分解过滤浓烟。大火无情人有情，让我们共同关爱最可爱的人，也希望张明惠同学的发明最终会被制造出来，造福消防员。

案例23

多功能高效音频打印机

李祎然

多功能高效音频打印机由李祎然同学发明。李祎然同学荣获第 15 届中国青少年创造力大赛金奖（参赛编号 201903929），参赛时就读于河北省唐山市第一中学，现就读于河北工业大学计算机科学与技术专业中法计专业。发明指导教师：罗凡华。

一、轻松发明方案

（一）发明名称：多功能高效音频打印机

（二）发明方案附图

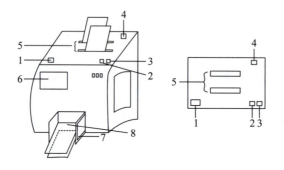

（三）发明方案附图各组成部分说明

各组成部分名称：1.USB 接口；2. 打印键；3. 复印键；4. 注墨口；5. 双入纸口；6. 显示屏；7. 塑料挡板；8. 双出纸口。

补充说明：本发明采用将打印机与读取音频的设备相结合的思路。USB 接口可读取音频文件和文字文件，显示屏可触屏操作，在显示屏上选择要打印的文件，按下打印键即可打印。本发明采用双入纸口和双出纸口结构，可实现一次打印多份资料，实现高效办公。在复印时，将要复印的资料分别放入两个入纸口，按下复印键，可实现两纸同时复印，该发明的入纸口和出纸口可调节宽窄，可以放入不同尺寸的纸张。

本发明最大的特点就是能将音频直接转化成文字并打印出来，省略了在电脑或手机上将音频转化成文字再导入打印机，然后再打印出来的多个步骤，节省了我们的时间和精力。

二、轻松发明方法

（一）创造法名称：功能结合创造法

（二）功能结合创造法原理

不同的事物有不同的功能，研究不同事物的不同功能，并将不同事物的功能结合到一件事物上，这样也许就能产生新的发明。因为，将不同事物的功能结合在一起或许能发挥不一样的使用效果，这或许能给我们带来更多的便利。

（三）功能结合创造法应用要领

① 要清楚不同事物各自的功能；② 要清楚哪些功能可以结合在一起组成另一件事物；③ 应大胆尝试把不同事物的功能结合在一起，这样也许就能产生新的发明。

三、轻松发明思想

（一）发明家的思维模式

发明家应敢于想，善于想，既要从不同的方面想问题，还要分析发明构想的优点与不足，继而不断产生新的构想。只有敢于大胆想象才能创新，才会有新的发明出现。

（二）发明家的行为模式

发明家应不断地进行尝试和试验，即使试验失败，也不能放弃继续尝试，在每次试验后还要不断总结经验，在以后的试验中运用经验，坚持以试验为创造发明的基础，创造出更好的发明。

（三）参赛者的发明梦想

进入高中后，我和很多同学一样，在记笔记时跟不上老师讲课的速度，也因此漏听了一些重要内容，这会导致我们做题时思路不清晰，所以，如果我能创造出一个能帮助我将老师说的话直接转化成文字并打印出来的发明该有多好啊。这样不仅可以提高学生在课堂上的听课效率，也节约了学生的学习时间。

（四）罗老师点评

一个转瞬即逝的创意，也许正是发明创造的核心。李祎然同学发明的多功能高效音频打印机解决了打印机只能打印的弊端，设计中的转化音频文件为文字文件的功能，极大地提高了使用者的工作效率。本发明方案的一大特点是采用双入纸口和双出纸口，可实现一次打印多份资料，实现了高效率完成作业；另一大特点就是能将音频直接转化成文字并打印出来。

通过观察李祎然同学的发明图纸我们发现该打印机的体积还是偏大和偏厚重，建议在功能增加的前提下缩小其体积，同时再增加一些智能功能。希望李祎然同学在大学期间更上一层楼，跳出固有的模式，在创新上别出心裁，独特新颖，站在一个新的视角观察事物，然后把自己的思想和智慧融入其中，为自己的创意人生增添风采。

案例 24

新型微光吸收多功能取暖器

毕 硕

新型微光吸收多功能取暖器由毕硕同学发明。毕硕同学荣获第15届中国青少年创造力大赛金奖（参赛编号 201903960），参赛时就读于河北省玉田县第一中学，现就读于天津城建大学计算机与信息工程学院。发明指导教师：罗凡华。

一、轻松发明方案

（一）发明名称：新型微光吸收多功能取暖器

（二）发明方案附图

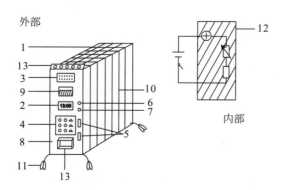

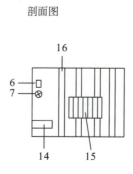

（三）发明方案附图各组成部分说明

各组成部分名称：1. 微光吸收转化器；2. 显示屏；3. 音箱；4. 键盘；5.USB 接口；6. 开关；7. 指示灯；8. 取暖器；9. 提手；10. 风箱；11. 滑轮；12. 电器保护网；13. 加湿器；14. 储物空间；15. 发动机；16. 热水管。

补充说明：微光吸收转化器，可吸收强光、弱光等不同颜色的光源并将其转化为电能；显示屏，可显示时间、室内温度、定时时间、音乐播放等内容；键盘控制温度、音乐、加湿、加热；USB 接口是取暖器的充电接口，也可插入 U 盘等；指示灯提醒及时关闭温度过高的设备；取暖器用于取暖；提手便于搬运；风箱用于散热；滑轮用于转移；电器保护网用来防触电；储物空间可放置充电器、U 盘等；加湿器可防止室内因温度升高而干燥；取暖器内部的小型发动机，用于为取暖器的移动提供动力。

二、轻松发明方法

（一）创造法名称：多物相加组合创造法

（二）多物相加创造法原理

我想把多个小物件及其功能加在一个大物件上以方便使用者使用，使得一个物件在多个领域都能适用。

（三）多物相加创造法应用要领

这种方法需要我们考虑不同物件能否相加在一起，之间是否会产生排斥或者这些物件加在一起是否会产生什么益处，怎样稍加改动会更好些。同时，也需要我们结合实际，观察各个物件的特点、使用方式，以及服务对象等。

三、轻松发明思想

（一）发明家的思维模式

我认为发明家经常会有天马行空的奇思妙想，既可以随时随地迸发灵感，也可以挑一个固定的时间、地点、方式，主动进行想象，想象范围可以不断扩大，从而构想出更多的发明创造方案。

（二）发明家的行为模式

发明家一般会在灵感出现时马上将其记录下来，因此需要随身携带便携的本和笔。同时，很多发明家会在冥想的时候采用喝咖啡、打坐等适合自己的方式构想发明。在平时，发明家还善于多问为什么，不错过任何探索和思考的机会，取人之长，补己之短。

（三）参赛者的发明梦想

我希望发明出一个能够造福社会，能为人们所利用的实用的物件，它可以满足大部分人的小需求，提升社会幸福指数；在为人类服务的同时还能够遵守规则，节约能源，保护大自然，为后人的可持续发展做考虑。

（四）罗老师点评

发明创造还应该聚焦一些不常见的领域，比如微弱的光线。毕硕同学发明的新型微光吸收多功能取暖器吸取了原有取暖器的功能和造型，又新增了微光吸收转化器、储物空间、键盘等，而且实现了取暖和欣赏音乐一体化。微光吸收转化器是该发明的点睛之笔，当今时代，全世界都面临着能源短缺的问题，科学家们也正在通过研究自然现象，寻找新的能源。

毕硕同学希望通过利用微光吸收转化器吸收不同频率的光源并将其转化为电能的设想，也许和一些科学家的想法不谋而合，说明毕硕学生的战略眼光还是有的。毕硕同学对自己的产品也提出了其他设想，比如在内部加个小型发动机，为取暖器的移动提供动力。这项发明方案仍有可提升的空间，假以时日，坚信毕硕同学的发明创造能力会更上一层楼。希望毕硕同学在大学期间让自己的作品通过编程更上一个新台阶。

案例 25

新型防室内空气污染智能自动开启窗

樊 晔

新型防室内空气污染智能自动开启窗由樊晔同学发明。樊晔同学荣获第 15 届中国青少年创造力大赛金奖（参赛编号 201903958），参赛时就读于河北省唐山砺耘高级中学，现就读于大连理工大学城市学院电子信息工程专业。发明指导教师：罗凡华。

一、轻松发明方案

（一）发明名称：新型防室内空气污染智能自动开启窗

（二）发明方案附图

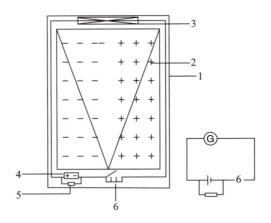

（三）发明方案附图各组成部分说明

各组成部分名称：1. 窗户；2. 光伏发电玻璃；3. 电动智能开窗器；4. 蓄电池电源；5. 空气污染智能报警器；6. 空气污染检测智能开关。

补充说明：本项发明采取"自助求生创造法"的思维模式，主体是窗户，附加物品是电动智能开窗器、空气污染智能报警器，以及空气污染检测智能开关。通过结合，实现窗户能够在检测到室内 CO 等有毒气体浓度超标或者天然气泄漏时，自动启动智能报警器和智能开窗器，从而大大降低事故率。

本项产品可在检测到室内空气污染成分时自动接通电源或利用蓄电池储存的电能在关键时刻形成闭合通路启动智能防污染系统。光伏发电玻璃的应用是在窗户向阳的情况下启动，将光能转化为电能并存储在蓄电池里从而合理利用绿色能源。多种供电途径让此项发明可在不同条件下保证供电以发挥其防止室内空气污染的作用。

二、轻松发明方法

（一）创造法名称：自助求生创造法

（二）自助求生创造法原理

"自助求生创造法"源于"主体附加"思想，例如，在以窗户为主体的基础上，给其附加相关求生功能，从而创造出新型自助求生产品。

（三）自助求生创造法应用要领

① 归纳居家室内常见灾害类型；② 总结有效的防灾减灾措施与逃生手段；③ 用高新技术赋能居家常用物品助力室内防灾减灾与及时逃生，从而有效避免事故的发生。

三、轻松发明思想

（一）发明家的思维模式

发明一件产品时，发明家应想到如何在已有的功能基础上加上另一个功能，或者把已有物品的功能应用到另一个物品上去，并研究它们的结合关系与组合形式，设法产生新的发明构想。

（二）发明家的行为模式

发明家要打破常规，主动去发现、思考并解决人们的痛处，以达到发明的目的，发明家更要像建筑师一样绘制蓝图，认真设计且考虑周全。在以后的生活和工作中，我要秉承这种行为模式，去感知并改善生活。

（三）参赛者的发明梦想

我想与国内众多学子携手，将所学知识应用到现实生活中去，发明功能更加完善，使用更加安全可靠的产品，避免因设备不完善而造成的使用危害，建立一个更安全、更适宜、更先进的现代社会。

（四）罗老师点评

生活智能化是发明创造的任务之一。仅看"新型防室内空气污染智能自动开启窗"这个名称，就知道发明者是一位热爱生活的学生。新型防室内空气污染智能自动开启窗的设计亮点是把智能放入其中，和 21 世纪的智能时代并轨了。该发明的特点主要体现在当有毒气体浓度超标或天然气泄漏时，这个窗户能自助开启并报警，降低事故的发生率；该发明还可以将光能转化为电能从而合理利用资源。如果要将该发明用于高危型作业房间，建议发明者要提高该发明的灵敏度，使其安全系数更高。

王欣仪

案例 26

可多次使用的美工刀片

可多次使用的美工刀片由王欣仪同学发明。王欣仪同学荣获第 15 届中国青少年创造力大赛金奖（参赛编号 201901019），参赛时就读于河北省石家庄精英中学，现就读于哈尔滨工程大学核工程与核技术专业。发明指导教师：罗凡华。

一、轻松发明方案

（一）发明名称：可多次使用的美工刀片

（二）发明方案附图

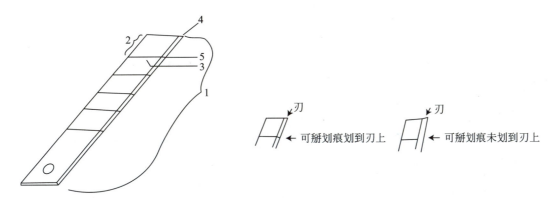

（三）发明方案附图各组成部分说明

各组成部分名称：1. 刀刃；2. 刀片节；3. 可掰划痕；4. 第一次使用刀片时的刃尖；5. 掰后的新刃尖。

补充说明：使用美工刀片时，主要就是用刀刃的刃尖，如果刃尖钝了就要换新刀片，这样很浪费。图示中这种分节可掰刀片，可在当前的刃尖用钝后，沿划痕处用手掰断这一节，形成新的刃尖，实现了一个刀片的多次使用，节俭且环保。

每节刀片节的长度定为 2 厘米，这样可以使使用者避开刃尖轻松掰下刀片节。可掰划痕在正反两面都有，划痕不宜过深（避免使刀片过于易折断），但一定要划到刀刃上，保证新掰的刀刃的刃尖锋利。

二、轻松发明方法

（一）创造法名称：组合拼接创造法

（二）组合拼接创造法原理

把两个相关的东西组合到一起，往往会有神奇的效果。通过联想事物之间的相关性与相似性，思考能否将它们合二为一又不削减其本身的功能与特点，一旦组合成功，将会给使用者带来极大的方便。

（三）组合拼接创造法应用要领

① 尽量联想一些与本事物功能类似或必须配套使用的事物，如，铅笔和橡皮→带橡皮的铅笔；② 拼接后能正常使用，而不损失原物品的特性；③ "拼接"不是将两个物品直接粘在一起，发明者必须有将各自功能组合并进行"变形"或"改造"的意识。

三、轻松发明思想

（一）发明家的思维模式

在发明时必须考虑产品的实际应用效果，一个不能被应用的发明等于失败的发明；要有运用新技术、新知识的意识，在科技高速发展的时代，任何新事物都能给发明家带来灵感；有责任告诉公众如何使用自己的产品，以及使用产品时的安全注意事项。

（二）发明家的行为模式

从生活中出发，遇到问题时多想一想，想想能否用不同的方案，从不同的角度来解决这个问题；多与他人交流，别人也许有一些你不曾想到的想法值得去借鉴；多学习，不满足于已掌握的知识，要坚持读书、学习，不断充实自己的"知识库"，拓展眼界和想象力。

（三）参赛者的发明梦想

之前做物理习题时，有个题目介绍了"电磁炮"，即通过磁场加速炮弹使之发射的装置。这引发了我的联想，我们能不能将"磁轨道"竖起来，把炮弹换成火箭，用磁场加速火箭从而将卫星推上太空呢？倘若这一联想可以实现，将大大减少卫星发射流程并大幅降低发射成本，而且更加环保，减少污染。

（四）罗老师点评

有改进的机会，就有发明创造用武之地。美工刀在生活中无处不在，也可以说是生活必需品，但是刀片的更换频率比较高，给使用者带来了不便。王欣仪同学发明的可多次使用的美工刀片在一定程度上降低了刀片的更换率，其功能是刀刃刀尖用钝后沿划痕处用手掰断，可形成新的刀尖，这样就能充分利用整个刀片，节俭环保。王欣仪同学的这项发明方案的优点是环保，环保是永恒的话题。王欣仪同学通过敏锐的眼光找到了生活中的发明主题，在设计产品的时候把环保也考虑进去了。但是，王欣仪同学在设计该发明时也要考虑到其美观和安全因素，比如刀片可以根据被切割的物体变换颜色，加上力度传感器等，让其智能化。希望王欣仪同学在大学生活中继续关注发明创造，因为发明不仅仅服务于前沿科技，生活中的必需品也需要发明来改进和提升。

案例 27

带智能手机功能的滑动式眼镜

陈青源

> 带智能手机功能的滑动式眼镜由陈青源同学发明。陈青源同学荣获第15届中国青少年创造力大赛金奖（参赛编号201927204），参赛时就读于河南省洛阳市第一高级中学，现就读于河海大学通信工程专业。发明指导教师：罗凡华。

一、轻松发明方案

（一）发明名称：带智能手机功能的滑动式眼镜

（二）发明方案附图

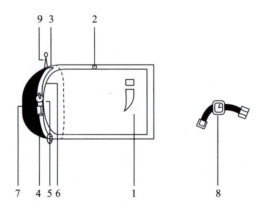

（三）发明方案附图各组成部分说明

各组成部分名称：1.智能显示屏轻质镜片；2.摄像头；3.滑槽；4.固定器；5.显像屏功能调换旋钮；6.电话接听开关；7.蓝牙耳机；8.蓝牙通话手表；9.信号接收天线。

补充说明：这款新型眼镜结合了手机通信、看视频等便捷的功能，同时也弥补了使用时需掏出手机导致手机易丢失等不足，随用随开，更加方便。镜片采用新型有机轻质玻璃，显示屏可在镜片中成像，也会通过变色作为来电提示；滑槽可在吃饭、短暂午休等不便戴眼镜时将眼镜收回，避免取下镜片的麻烦；可通过调转旋钮选择电影、新闻、照相等功能；打开电话接听开关，同时通过蓝牙连接激活耳机与手表上的蓝牙通话装置。

二、轻松发明方法

（一）创造法名称：兼并互补创造法

（二）兼并互补创造法原理

生活中的一切事物都不是完美的，一种事物的优点总会对应另一种事物的不足，所以兼并互补创造法将多种事物相结合，创造出一个优点更多，缺点更少的新事物，使其更加接近完美。

（三）兼并互补创造法应用要领

① 善于发现生活中可以优劣互补的两种或多种事物，并思考二者有何联系；② 尝试将二者的优势兼并；③ 令新事物在功能上优于兼并之前的事物；④ 要选定多种事物中的一个为主体模型。

三、轻松发明思想

（一）发明家的思维模式

生活中当周围的人抱怨一件事物麻烦或有不足时，发明家应联想到另一个能弥补此类不足的事物，并设法将二者的优势结合，完成发明方案。

（二）发明家的行为模式

发明家应像修补匠一样，积极为生活中有缺漏的事物打"补丁"，同时也要具有善于发现缺漏的一双慧眼。由此将各种事物的优势"缝缝补补"，相互兼并，发明一个新的事物。

（三）参赛者的发明梦想

我的发明理想是发明一个"黑洞式替罪羊"，它的功能是在打开时可以吸引周围极大范围内高速飞行的物体，如子弹、炮弹等，同时它也足够坚固，并且能悬浮于空中，这样即使有人开枪也不会打中目标，这个发明的使用可有效制止战争、暴乱，为维护世界和平作出贡献。

（四）罗老师点评

好的发明创造源自好的组合，陈青源同学发明的带智能手机功能的滑动式眼镜的优点是给新型眼镜结合了智能手机的功能，使用便捷；不方便戴眼镜时还可使用滑槽将眼镜收回，眼镜和蓝牙手表匹配，可以说是一项多功能眼镜。另外，随着当今近视群体的人数增多，建议该发明可以添加预防近视的语音提示。希望陈青源同学在大学时代把所学知识也运用到发明创造中，和同学们成立发明兴趣小组，让发明无处不在。

案例 28

多功能课桌椅

韩茜雯

多功能课桌椅由韩茜雯同学发明。韩茜雯同学荣获第 15 届中国青少年创造力大赛银奖（参赛编号 201927220），参赛时就读于河南省洛阳市孟津县第一高级中学，现就读于兰州财经大学人文地理与城乡规划专业。发明指导教师：罗凡华。

一、轻松发明方案

（一）发明名称：多功能课桌椅

（二）发明方案附图

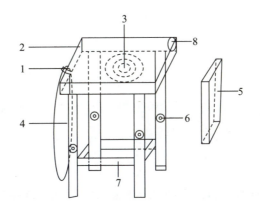

（三）发明方案附图各组成部分说明

各组成部分名称：1. 挂钩；2. 内部中空的椅子面；3. 内置电热丝；4. 海绵垫；5. 侧挡板；6. 高度调节旋钮；7. 短杆；8. 注水口。

补充说明："2"内部为空，可以在夏季时注水降温，消除学生的急躁感。"3"可在冬季时加热椅子面，以防因天气寒冷导致椅子冰凉。"4"为舒适设计，当学生长时间坐在椅子上，会因椅面过硬而出现坐不住等现象，我们可以用海绵垫来缓解，不用时可挂在"1"上。"5""6"为调节设计，每个学生身高不同，但桌椅高度是固定的，同学们可以根据自己的身高来调节"6"找到合适的高度，也可直接将椅子放倒，将"5"

放在椅子侧面当临时椅面。"5"不用时，可放于"7"上，此时，同学们可将近期常用的书等物品放置在"5"上，既方便取用又节省了空间。

二、轻松发明方法

（一）创造法名称：实用创造法

（二）实用创造法原理

对常见物品进行功能的延伸想象；将想法与实践相结合，追求物品的实用价值，让一种物品有了多种物品的使用价值，具有多种功能。

（三）实用创造法应用要领

① 发明者要敢于大胆地想象；② 要从结合日常生活的角度寻找合适的常见物品；③ 将自己的想法与已有物品有机结合，发明出实用、方便的新物品。如此一来，让单一物品拥有多个功能，既方便又实用，不易失去自身的存在价值。

三、轻松发明思想

（一）发明家的思维模式

看同一个物品时，发明家应从物品的存在价值出发，思考新物品的现实意义，努力使其功能价值发挥到最大化，并依此产生发明构想，完成发明方案。

（二）发明家的行为模式

发明家应在实践中创造新发明，因为实践是发明的基础。发明家既要在实践中寻找突破，也要在实践中发现人们所需要的，所以发明家应多从生活中寻找发明目标；制作出自己的发明后，将它运用到生活中，再从使用者那里获得新建议，改良发明作品，完成发明实践。

（三）参赛者的发明梦想

我的发明理想是让每个物品都有其存在的价值，让人们可以用更少的东西解决更多的问题。让单一物体的功能多样化，更好地帮助人们，让人们快乐。

（四）罗老师点评

学生群体进行发明创造时往往会更关注校园生活的每一个细节，因为每个学生的成长都离不开学校，从小学到大学都离不开对于课桌的使用，因此，课桌的构造、高度、空间大小的不合理都会不利于学生的身体发育。

韩茜雯同学发明的这款多功能课桌椅其亮点在于夏季时可注水降温、冬季时可加热。更重要的是该发明能根据学生自身身高调节到合适的高度，让个高的学生不用弯腰，让个矮的学生不用踮脚，解决了一直困扰学生对于课桌高度等不满意的现状，让学生在获得知识的同时，还让身体感到舒服。所以发明创造来源于生活，但是又高于生活。生活中的任何事物在发明家的眼中都可以提升到一个新的高度，重要的是把自己的想法与物品有机结合，让单一物品有多个功能。

希望韩茜雯同学继续改进这个发明，精益求精，在未来能投放到市场中，让这项发明成为学生喜爱的课桌。

案例 29

电动吸尘黑板擦

李文哲

电动吸尘黑板擦由李文哲同学发明。李文哲同学荣获第 15 届中国青少年创造力大赛金奖（参赛编号 201927229），参赛时就读于河南省洛阳市第一高级中学，现就读于兰州理工大学土木工程学院。发明指导教师：罗凡华。

一、轻松发明方案

（一）发明名称：电动吸尘黑板擦

（二）发明方案附图

外部侧示图（右后侧俯视图）

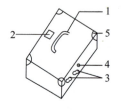

外部仰视图

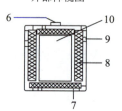

盛接槽

外部侧示图（左前侧俯视图）

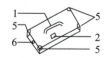

电路图

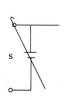
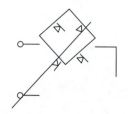
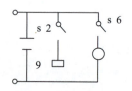

（三）发明方案附图各组成部分说明

各组成部分名称：1. 把手；2. 吸尘开关；3. 充电口及防尘塞；4. 充电指示灯；5. 防护橡胶角；6. 电动排尘开关；7. 隔板；8. 吸尘铜网棒；9. 电刷；10. 高密度海绵；11. 限位槽；12. 注水线。

补充说明：板擦内部分为两层，两层之间由隔板分隔。金属网棒与高密度海绵间由隔板分隔，以作保护。内部电路加装桥式整流装置以提高充电效率（图中未画出）。由电路向外引线连至电刷。打开吸尘开关使电刷带电，进而使铜网棒带电，通过静电吸附作用达到吸尘目的。由电路中电机带动马达转动，马达连接齿轮，由该齿轮穿过隔板与铜网棒上的连锁齿轮进行传动，各金属网棒末端由等齿等径齿轮彼此咬合，实现传动，达到一个电机带动 4 个金属网棒高速转动的目的（图中未画出）。使用时，按下吸尘开关使铜网棒带电，抓握把手，擦除黑板上的字迹。清洁时，关闭吸尘开关，将板擦与盛接槽相扣（盛接槽已注水至注水线），按下电动排尘开关，待无粉尘飘落时，关闭电动排尘开关，清洗板擦上的粉尘。该板擦外部为圆滑曲面，为便于示意与绘图，图中用直角代替。

二、轻松发明方法

（一）创造法名称：定一议二创造法

（二）定一议二创造法原理

定一议二创造法就是先确定发明的第一项功能，再研究发明的第二项功能。先确定发明目的，进而确定发明所要用到的物理、化学等方面的科学原理，由科学原理结合实际情况，确定具体部件及整体联动方式，根据实际情况中遇到的问题不断探索改进方案，实现对发明的优化升级，达到最终的实用目的。

（三）定一议二创造法应用要领

明确发明目的，确定应用的科学知识，根据科学知识及实际情况，设计适用方案，使研究发明由整体到细节，由理论到实际，不断进行深入推进，在大方向正确的前提下不断优化发明方案。

三、轻松发明思想

（一）发明家的思维模式

发明家应具有敏锐的洞察力与预见能力，能从偶然或不寻常中发现令自己惊讶的现象或事理，并对这一现象进行深入研究，为后期实践打好基础。同时，发明家还应具有多向性、逆向性、点面式思维，对事物的改进与创新有自己独树一帜的思想理论依据。

（二）发明家的行为模式

发明的目的是便利人们的生活，因此发明家不能主观臆断，应做好充分细致的相关调查研究，得到真实可靠的最新信息，进而确定发明方向。同时，发明者应具备很高的科学素养与充分的科学知识，且保持不断学习，从由古及今的科技成就中发掘新机，优化原有事物。

（三）参赛者的发明梦想

我从小便有成为一名飞行员的梦想，想遨游蓝天、自由飞翔。后来，由于视力因素及个人爱好的转变，我坚定信念，立志成为一名飞行器设计人员，研究我所热爱的飞机，为祖国航空事业献力。如果有可能，我希望设计第七代飞机，领先世界。

（四）罗老师点评

教育教学中待解决的问题很多，需要发明创造者重点关注，一提到粉笔，面前就会浮现出老师用黑板擦擦黑板时，白色粉尘漫天飞舞的画面，后来有了无尘粉笔的面市，但是也不能杜绝小粉末。

李文哲同学设计的电动吸尘黑板擦发明方案，从擦拭黑板到清洗板擦，都实现了杜绝粉笔粉尘的飞散，且该板擦外观完美，功能完备。

李文哲同学具有多向性、逆向性、点面式思维，在对事物的改进与创新乃至创造中也有独树一帜的思想理论作为其发明的宏观导向。

案例 30

可挡雨的水杯

施明瑞

可挡雨的水杯由施明瑞同学发明。施明瑞同学荣获第 15 届中国青少年创造力大赛金奖（参赛编号 2018151224），参赛时就读于河南师范大学附属中学，现就读于河南农业大学园艺专业。发明指导教师：罗凡华。

一、轻松发明方案

（一）发明名称：可挡雨的水杯

（二）发明方案附图

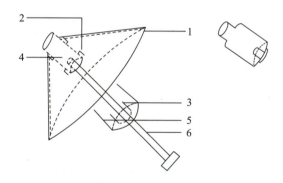

（三）发明方案附图各组成部分说明

各组成部分名称：1. 可折叠雨伞盖；2. 插片固定卡扣；3. 插片；4. 水杯；5. 水杯杯套；6. 雨伞伸缩杆。

补充说明：当外面突然下雨的时候，很多人常因忘记带伞被淋湿，若平时随身带这样一个功能别致的可挡雨的水杯，遇到下雨时还可及时防雨。水杯和杯套采用轻型材料，减小伸缩杆的承重压力；伞盖用薄的可折叠伞布。该设计将水杯与伞巧妙组合在一起，使日常出行装备的功能更加完备和轻便。

二、轻松发明方法

（一）创造法名称：组合共通创造法

（二）组合共通创造法原理

任何事物之间都有其共通的地方，就像生物学与仿生学，这样就可以利用这些共通之处，将其有机结合在一起。从两种表面无关的事物中找到其内在共通的地方并组合在一起使这个新事物同时拥有前两者的优点，这就是组合共通创造法。

手机最初的作用是打电话。但是有些科学家却在想如此高科技的产品怎能只打电话呢？于是，手机上逐步增加了计算器、手电筒等功能，经过无数次的组合共通，终成现在人人都可以用的多功能手机。

通常，人们需要买来很多东西才能满足各种需求，但是，通过组合共通创造法可以将多个东西的优点合而为一，使得人们无须在购物选择中烦恼，比如，本来需要购买十多件东西，现在只需两三样，甚至更少了。

（三）组合共通创造法应用要领

① 核心是找到事物间的共通之处，比如打火机和手电筒两者的共通之处在于简单易携带，于是一头火机一头手电筒的事物诞生了；② 有很多东西已被组合为一体，但我们可以思考这种组合是否有突出的优点，是否还可以再些组合；③ 要积极组合，不能因为两者看似无关就不去寻找之间的共通之处。

三、轻松发明思想

（一）发明家的思维模式

很多人看两件物品时只想着自己是否都需要。发明家应关注两者的共同点并加以思考是否可以设计一个方案使这两个物品结合而且突出双方的优点，并依此设计出发明方案。

（二）发明家的行为模式

发明家应向警察一样从蛛丝马迹之间追寻答案。在面对两个不同事物时，要从方方面面、从细微之处去寻找两者的共通之处，并思考是否可以组合，这样最终总能找到两者之间可以有机结合的那个关键点。

（三）参赛者的发明梦想

我希望当一个创造者。每当我有一个发明诞生时，我会很有成就感与自豪感，同时也更希望自己的发明能家喻户晓。因为，走在大街上能看见别人用着自己的发明，那是一种幸福，是对发明者最高的赞扬。

（四）罗老师点评

任何事物都有其共通的一面，就像生物界与非生物界一样，这样就可以利用这共通之处，将其有机结合在一起，就可以形成一个很好的发明创造。从两种表面无关的事物中找到内在共通处，并组合在一起共用，使这个新事物有两者的优点就是组合共用法。

每当雨季来临，尤其是南方的梅雨季节，都会给行人带来了许多不便，因为每天带着伞对于一部分人来说还是挺麻烦的。怎样能不带雨伞也可以避免淋雨呢？于是，施明瑞同学运用组合共通创造法，发明了可挡雨的水杯。有了这样一个杯子，平时随身带着方便饮水，下雨时还可用来防雨。

建议施明瑞同学将发明方案再细化一番，添加一些其他功能，比方说让水杯可以检测温度、湿度等，这样就会更加凸显该水杯的价值。另外，也可以设计成不同的形状，还可以加入一个自动过滤器，也可以设计成共享模式并放到人口流动大的地方，比如超市、火车站、地铁口等，方便出门在外的人随时借用，不被雨淋。

案例 31

两地飞跨运输装置

李子轩

两地飞跨运输装置由李子轩同学发明。李子轩同学荣获第15届中国青少年创造力大赛金奖(参赛编号2019161156)，参赛时就读于河南省安阳市第一中学，现就读于山东大学（威海）计算机科学与技术学院。发明指导教师：罗凡华。

一、轻松发明方案

（一）发明名称：两地飞跨运输装置

（二）发明方案附图

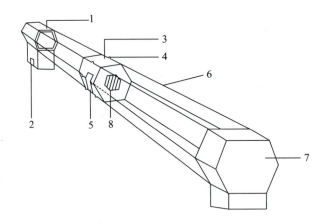

（三）发明方案附图各组成部分说明

各组成部分名称：1.站点Ⅰ；2.入口电梯；3.车厢；4.栓连接器；5.折叠车门；6.高强度合金纤维；7.站点Ⅱ；8.高速推进器。

补充说明：栓连接器具有刹车功能，且在发生故障时能将车厢锁死在高强度合金纤维上。高速推进器在车厢两端都有安装，可以实现双向运输，且可以将车厢在仅靠合金纤维构成的轨道上加速到极快的速度（快于所有陆上交通工具）。两端站点具有充电功能，车厢在每个站点停靠时都会进行充电，使车厢得到足以到达下个站点的能源补充。

二、轻松发明方法

（一）创造法名称：联想推广创造法

（二）联想推广创造法原理

事物与事物之间都有着这样或那样的联系，但有些联系不易被人察觉，有些需要人为建立联系，进而推广到其他领域。研究当今事物之间的关联，便可以从已有事物中孕育出新事物来。合适的联想与推广，是联想推广创造法的核心。

（三）联想推广创造法应用要领

① 设法提炼出已有事物中的创造性原理，并将其应用到其他领域中；② 试图发现寻常事物之间的共性并将其结合，可能就会有新的创造灵感；③ 从供需两方面出发，想想使用方需要什么，什么对使用方的需求有帮助，找到彼此间的联系后，运用联想推广创造法设计具体发明方案。

三、轻松发明思想

（一）发明家的思维模式

当很多人共同观察一类事物时，发明家应该看到事物之间的相关性与共性，发现该特点的价值所在，即产生该特点的背后原因，然后再将该特点在另一领域中进行合理推广并收集反馈意见，由此设法产生发明构想，完成发明方案。

（二）发明家的行为模式

发明家应该拥有很强的全局观，他不应只是看到相互独立的事物，还应看到各个事物之间的相似性与应用价值。学会总结是拥有全局观念的基础，在见到事物后要不断进行总结和凝练。

（三）参赛者的发明梦想

我想要发明的是能为人们提供服务的新事物，当今有的发明只为经济效益服务，这无可厚非，但我更想去发明对人有益，最好能治病救人的装置，让世界上的无能为力再少一些。

（四）罗老师点评

发明创造者是未来的预言家、设计者，李子轩同学设计的这种两地飞跨运输装置，正是一种理想的交通工具，可以快速将人运送至不同的站点。

这项发明是一种类似高速行驶列车的运输交通工具，采用高强度合金纤维及高速推进器，实现快速推进的效果。

　　本发明创造的缺陷是，没有表述行驶的速度，如果设想成 2500 千米 / 时，肯定比现有的高铁列车和飞机的速度都快很多。从北京到上海约 1318 千米的距离，那就可以实现在半小时左右到达，但是，若时速达到 2500 千米 / 时，则是一个超过音速的速度，在物体的运行速度超过音速的时候，会产生一系列的现象，这些现象往往会引起极大的震荡，那么这种运输装置在运行中如何保持稳定，是否可以借鉴超音速飞机的技术，因为能否在高速行驶中保证稳定和安全是极为重要的。

　　希望李子轩同学将来能在超音速技术领域进一步学习，继续完善这项发明方案，在未来实现推动人类进步的发明。

案例 32

带雨伞与镜子功能的水杯

高一鸣

带雨伞镜子功能的水杯由高一鸣同学发明。高一鸣同学荣获第 15 届中国青少年创造力大赛银奖（参赛编号 2018169542），参赛时就读于河南省济源高级中学，现就读于郑州轻工业大学化学工程与工艺专业。发明指导教师：罗凡华。

一、轻松发明方案

（一）发明名称：带雨伞与镜子功能的水杯

（二）发明方案附图

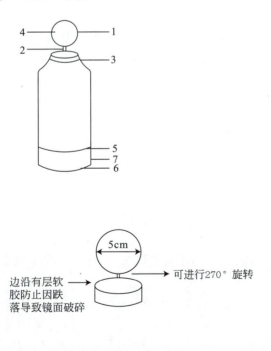

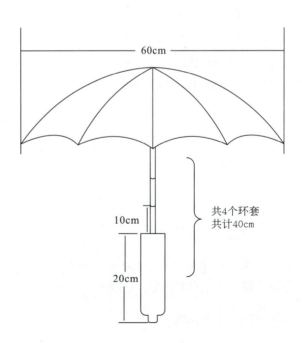

（三）发明方案附图各组成部分说明

各组成部分名称：1. 镜框；2. 转轴；3. 杯盖；4. 镜子；5. 螺纹接口；6. 内置小型雨伞；7. 螺纹伞盒盖。

补充说明：该水杯共 4 层环套，伸展长度达 40 厘米，外层有软胶，防止因跌落导致镜面和杯体破碎，镜框可进行 270 度的旋转，转轴将水杯与镜子相结合。以后出门只带个水杯也不怕下雨天了，还可在空闲时，整理自己的容貌。制作材料主要有镜面玻璃、塑料、不锈钢等。将镜框打开就有一面镜子，将伞盖拧下，就能从杯底抽出一把小型雨伞。该发明的创新部分是在水杯的基础上添加了镜子、雨伞等功能。

二、轻松发明方法

（一）创造法名称：结合探究创造法

（二）结合探究创造法原理

结合作为一种思维方式，在现实生活和科学研究中有着不可低估的作用，许多发明就是通过结合已有事物或在已有事物的基础上进行功能的增加，例如，在铅笔的一端加上橡皮。

任何事物都有优点，研究它们的优点，将不同物品的优点相结合，可产生新的产品，就像将自行车行驶所需的人力变为电力，由此成就了电动车。

（三）结合探究创造法应用要领

① 设法结合已有的事物或在已有的事物上进行功能添加，增强其实用范围；② 研究物品的优缺点，将已有物品的缺点转为优点，或在其上面增加优点，从中发现新的功能、新的结构、新的事物；③ 面对许多已结合的物品，可思考能否继续改进。

三、轻松发明思想

（一）发明家的思维模式

发明家看一件事物时，需从不同的角度，用不同的思维方式，用不同的眼光，站在不同的立场上来观察和分析，设法产生发明构想，完成发明方案。

（二）发明家的行为模式

发明家应该像侦探一样，广泛地去观察和思考每一件事物的可结合性，不放过任何一处优缺点，通过广泛观察发现问题，通过深入思考找到解决问题的办法。

（三）参赛者的发明梦想

能够通过发明解决已有产品中存在的缺点，继而增加这件产品的新功能，最终要能实现自己只需做一步，便能完成所有事情，比如实现躺在床上便可解决一天的问题。

（四）罗老师点评

发明创造者有着与一般人不同的集成思维，比如总是想将很多功能集成在一起，解决生活中忘记带这带那的问题。

将雨伞、镜子和水杯集成在一起是一种很好的发明创意，也因此促成了这项带雨伞与镜子功能的水杯的发明创造方案。

如果我们将日常生活中经常用到的东西结合在一起，出门的时候只需带上一样东西，就能把常用的日用品都一起带上了，这将使我们的生活非常便捷，这是一种非常好的思路。

然而，在产品设计中，如何巧妙地把雨伞、水杯和镜子有效地结合起来，并且保持每种物品都能被有效、便捷地使用，还能够实现外形简洁美观，这是发明创造者的任务，这也是此项设计的难点。

希望高一鸣同学能够在产品设计、工业技术研发方面继续学习和研究，设计出更多便于人们使用的优秀产品。

案例 33

带遮阳板的手机护眼灯

高晚晴

带遮阳板的手机护眼灯由高晚晴同学发明。高晚晴同学荣获第 15 届中国青少年创造力大赛金奖（参赛编号 2018169680），参赛时就读于河南省安阳市第一中学，现就读于北京第二外国语大学韩语专业。发明指导教师：罗凡华。

一、轻松发明方案

（一）发明名称：带遮阳板的手机护眼灯

（二）发明方案附图

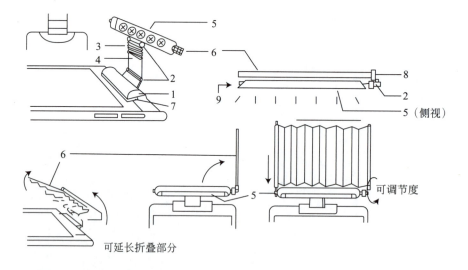

（三）发明方案附图各组成部分说明

各组成部分名称：1. 夹子；2. 转轴；3. 连接轴；4. 连接杆；5. LED 护眼灯；6. 遮阳板；7. 海绵垫；8. 铰链；9. 锁空装置。

补充说明：该项发明的主要制作材料有塑料外壳、LED 灯、电线、电池、暗色半透明塑料板和海绵垫等。该发明的主要功能是遮光和提供护眼照明，创新点是结合了遮光与护眼灯的功能。市面上的一些阅读器有专用的护眼背光屏，但我们日常看手机时间更多。同时，在高亮度的地方想看清手机屏幕也是个难题，希望我的这项发明方案能将"护眼灯"与"遮光"功能有效地结合在一起。

二、轻松发明方法

（一）创造法名称：需求延展创造法

（二）需求延展创造法原理

　　下雨的时候人们常常需要打伞，但打伞占了一只手，使双手拿物不便，所以，有人把伞柄末端改成了圆钩的式样，这样既可挂物品给另一只手减轻负担，又能使雨伞被悬挂方便收纳，使雨伞满足了人们更多的使用需求。

　　在日常生活中，人们对一件产品的需求往往趋向于一物多用。所以，在延展一件产品的功能时，可以将不同领域的技术合理迁移与合并。

　　人们在某些环境下的需求往往不是单一的而是一系列的。例如课桌，学生不仅需要用它来放置课堂用书，还需要用它分区收纳课本，以及放置水杯、垃圾袋等物品。从一到多，将多种功能与技术有机组合，这就是需求延展创造法。

（三）需求延展创造法应用要领

　　① 研究人们在不同场所的需求；② 发现满足多种需求的结合方案的可行性、合理性，使产品功能更加人性化；③ 对已有产品功能进行大胆优化和延展。

三、轻松发明思想

（一）发明家的思维模式

　　发明家应对日常生活有着深层次的思考与发掘能力，应对产品的未开发部分和不同产品间的普遍联系应有敏锐嗅觉，并及时改进组合的方式，使发明更大程度地满足使用需求。结合系统性思维，让不同功能或系统有序组合。

（二）发明家的行为模式

　　发明家应善于观察、记录，勤于动手，永不满足于当前的成就，不放过生活中每一个可以深入研究的点，不忽略每一个使用需求与已有技术的对应与联系，相信更好的发明永远是下一个。

（三）参赛者的发明梦想

我希望我的发明是紧贴生活，而且能满足人们更多使用需求的发明，它不必有多么复杂的结构，也不必汇聚太多来自各方面的优势，我更希望我的发明能在一个特定场所物尽其用，解决减少人们生活中的"小麻烦"。

（四）罗老师点评

发明创造是为了减少人们生活中的"小麻烦"，实现发明的作品在一个特定场所可以物尽其用。高晚晴同学设计的这种带遮阳板的手机护眼灯，是为了在高强度光线中或者在黑暗灯光下，都能减少光线对眼睛的刺激，从而达到护眼的效果。

我们在生活中往往会遇到这样的问题，在黑暗中看手机太刺眼，在阳光下看手机又看不清，高晚晴同学不仅细心留意到这个问题，并且发明了解决问题的设计方案。这正是我们倡导的发明方式，通过观察生活中的细节，发明能够有效解决问题的方法和作品。

希望高晚晴同学能够继续完善这项发明，制作出模型及样品，测试样品的使用感受，让它真正成为一个产品，同时也希望你能够继续细心观察生活，为我们带来更"贴心"的发明。

案例 34

三合一签字笔

王鸿滨

三合一签字笔由王鸿滨同学发明。王鸿滨同学荣获第 14 届中国青少年创造力大赛金奖（参赛编号 201816681），参赛时就读于河南省驻马店市遂平县第一高级中学，现就读于华中科技大学人工智能和自动化学院自动化专业。发明指导教师：罗凡华。

一、轻松发明方案

（一）发明名称：三合一签字笔

（二）发明方案附图

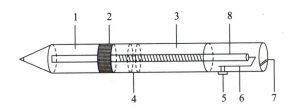

（三）发明方案附图各组成部分说明

各组成部分名称：1. 书写抓握区；2. 固体胶旋出钮；3. 固体胶存放管；4. 固体胶推进座；5. 刀片推出钮；6. 刀片；7. 刀片出口；8. 装笔芯的空心螺纹管。

补充说明：该发明的主要制作材料有塑料、固体胶、铁质刀片。功能作用是书写、黏合、小刀裁割。创新部分是将笔、胶棒、小刀三种工具的功能融为一体。本签字笔集书写、裁切、黏合三种功能于一体，使学习、办公更加便捷。

二、轻松发明方法

（一）创造法名称：功能组合创造法

（二）功能组合创造法原理

　　许多物品都有其专一的功能，但功能专一化会产生一个问题：当需要完成一件较为复杂的工作时，人们用到的工具将多而杂。这时如果发明一种集多种功能于一体的工具，复杂的工作将会变得简单易行。

　　集合不同物品的多种功能，吸收不同事物的各自优点，让这些功能和优点在新事物上得以集中体现，使新事物不仅实现了原有多种物品功能的加和，更能展示出一体化的便利与实用。

（三）功能组合创造法应用要领

　　把原来各自分散的事物进行组合，探索功能组合与兼容的方法，在此基础上创造新的事物，实现创造目的。

三、轻松发明思想

（一）发明家的思维模式

　　发明就是看别人没有看到的，想别人未曾想到的。很多人只看到每种物品各自的功能，而发明家应该看到物品组合之后的优点，探索组合所能带来的便利和突破。

（二）发明家的行为模式

　　发明家对待产品应像艺术家创作作品一样精益求精，不断探索、不断改进，使自己的发明不断完善，面对自己的发明应反复思考、反复绘图、反复操作，细致严谨且充满想象力。

（三）参赛者的发明梦想

　　我从小便有一个发明梦——垃圾变水器，因为这关乎全世界都面临的两个问题——水资源短缺和垃圾污染。如果能在处理垃圾的同时解决水资源短缺，可实现一箭双雕。垃圾变水器便是基于这个想法而构想的产品。但是由于原理上尚存问题，将这个梦想变为现实还需要更多人的共同努力。

（四）罗老师点评

　　发明创造，其乐无穷，轻松组合，轻松发明！将小刀和胶水集成在一支签字笔上，就得到了这样一个很棒的发明创造作品——三合一签字笔。

　　我们常常看到各种与笔结合的不同的发明，其中最著名的就是带橡皮擦的铅笔。这是因为笔是我们经常使用的物品，需要随时取出来使用，如果把某项功能结合在笔上，就能够实现其多功能的优势。

　　因此，王鸿滨同学将小刀和胶水集成在签字笔上，让人们在使用的时候不需要四处翻找相关物品，提高了办公的效率，这是一项不错的发明。看得出发明者是一位喜欢制作手工的同学，这种带有小刀和胶水的笔，很适合喜欢手工制作的人使用。老师建议你的题目改成"适合手工制作者使用的三合一签字笔"，这样会更加有针对性，生产出来的产品也会更加有吸引力。同时，既然你已经发明了适合手工制作者使用的多功能签字笔，你还可以发明出一系列适合不同人群使用的多功能笔，如适合快递员使用的签字笔，带有小刀、胶带；适合绘画者使用的多功能笔，带有各种不同颜色和颜料，等等。这样的系列发明作品一定会更受欢迎。

　　希望王鸿滨同学今后能够继续发挥发明创造的特长，设计出更有新意的作品。

案例 35

鞋子里的电动车

王心宇

鞋子里的电动车由王心宇同学发明。王心宇同学荣获第 14 届中国青少年创造力大赛银奖（参赛编号 201816206），参赛时就读于河南省驻马店市高级中学，现就读于河南大学国际教育学院中澳项目计算机科学与技术专业。发明指导教师：罗凡华。

一、轻松发明方案

（一）发明名称：鞋子里的电动车

（二）发明方案附图

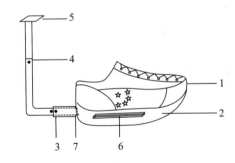

（三）发明方案附图各组成部分说明

各组成部分名称：1. 鞋面；2. 鞋底；3. 电车伸缩杆一级；4. 电车伸缩杆二级；5. 座椅；6. 电池板；7. 电车取出口。

补充说明：鞋面采用运动鞋材料，电车伸缩杆采用轻质碳钢材料。当你步行疲惫时，该发明可为你带来片刻休息。其创新理念在于使用方便，可通过步行对电车进行充电。

每一项发明的灵感其实都来源于生活的点点滴滴。这次来郑州比赛，我们走了很多路，感到非常疲惫，于是就想到了将车放入鞋子中。该发明尚不完善，还需继续努力探索和改进。

二、轻松发明方法

（一）创造法名称：点滴生活创造法

（二）点滴生活创造法原理

当你外出旅行或出门办事时，常常会走很多的路，导致腿脚酸痛、身心疲惫，这时会非常想要一辆能载着你前行的车。然而你的电动自行车总不能跟着你全国跑吧，怎么办？那就把它放进鞋子里，这样你就可以在劳累时随时拿出来骑着跑！

这个创造设想真的是突然而至的灵感，当时我碰巧刚刚看了一眼自己脚下厚厚的鞋底，突然想到能否在鞋底中放入什么东西。这款创新鞋的关键在于如何将体型较大的电车缩小并放入鞋底中，同时还要很轻，不能影响到鞋的舒适度，而且还可用机械做功法对此电车充电。

点滴生活创造法的基本原理就是收集平日对生活的细致感受，并且在此基础上随时去思考，去记录。

（三）点滴生活创造法应用要领

① 面对任何一件事，都要善于从事情本身获得感悟，以寻找创造目标；② 要能够把握与领会自身的情感；③ 善于记录，不放过自己任何一个奇思妙想，不然万一某天别人也想到并且做了出来，你就只能后悔莫及。

三、轻松发明思想

（一）发明家的思维模式

许多人在生活中遇到麻烦，总是抱怨却无实际作为。而发明家们却总是能从麻烦中找到突破点，在解决麻烦中实现发明创造。比如发明可以当菜篮的雨伞、用来躺着看电视的眼镜，以及自拍杆等现在流行的新事物，都是为解决生活中的点滴问题而创造的。

（二）发明家的行为模式

发明家要有十分敏锐的观察力和洞察能力，要善于从点滴生活中找到灵感来创意，随时将自己突然出现的灵感记录下来，也许在未来，灵感有机会变成创新发明。

（三）参赛者的发明梦想

我想发明一个可以在宇宙中航行的巴士，带着父母、亲人、朋友来一次太空旅行。

（四）罗老师点评

发明创造者想象力丰富，跨界混搭能力强。王心宇同学的设想是把电动车折叠缩小，放在鞋子里，通过走路充电。走路累了就把电动车从鞋子里取出来，骑着车走。

这项发明类似于孙悟空的金箍棒，需要它缩小的时候，就可以变成一根针放在孙悟空的耳朵里，需要它变大的时候就可以成为定海神针。这种差异达几十倍的大小变化，是很难通过物理的折叠来做到的，在科学技术中，我们是否能够做到这样的形变呢？大千世界中，还有非常多的领域需要我们去探索和发现，或许有一天我们也可以像电影《蚁人》中的画面，通过科技直接将人变成蚂蚁那么小。也许未来，我们的物品也可以瞬间发生巨大的形变，并且我们还能够有效控制这种变化，我相信人类对于科技的发展和认知也将迈进一个全新的领域。

希望王心宇同学为未来的巨变探索思路的时候，坚持不懈地探索最新科技，将人类科技推向更高的水平。

案例 36

自动升降锅

朱怡霖

自动升降锅由朱怡霖同学发明。朱怡霖同学荣获第 14 届中国青少年创造力大赛银奖（参赛编号 201816506），参赛时就读于河南省郑州市第一中学，现就读于暨南大学经济统计专业。发明指导教师：罗凡华。

一、轻松发明方案

（一）发明名称：自动升降锅

（二）发明方案附图

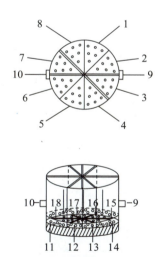
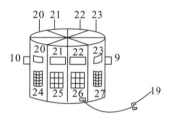
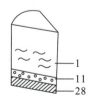

（三）发明方案附图各组成部分说明

各组成部分名称：1. 隔间 1；2. 隔间 2；3. 隔间 3；4. 隔间 4；5. 隔间 5；6. 隔间 6；7. 隔间 7；8. 隔间 8；9. 把手 1；10. 把手 2；11~18. 隔间 1 至隔间 8 的滤网；19. 电源插头；20~27. 隔间 1 至隔间 8 的独立显示屏与独立数字按键设定板；28. 加热底座。

补充说明：这款自动升降锅分为 8 个隔间，可以在每个隔间分别放置不同菜品，并设定各自的加热时间。

这样吃火锅时既可以方便地夹取食物，又可以保证食材的新鲜与可口程度。

主要制作材料有不锈钢、塑料、橡胶、隔热板等。功能作用有定时加热食物，滤网自动上升，实现食物与水分离，让吃火锅变得更便捷。创新部分有定时并自动将食物与水分离，便于夹菜，保证食物热度与新鲜度。

二、轻松发明方法

（一）创造法名称：物我和谐创造法

（二）物我和谐创造法原理

小林酷爱吃火锅，但每次吃火锅，她总是担心肉会不会煮老，菜有没有煮熟，会不会找不到自己想吃的菜？一次，她看到火锅的漏勺，于是想到如果能把漏勺直接加在锅里，从火锅中夹菜岂不是很方便？于是，自动升降锅的创意应运而生。

物我和谐创造法来源于道家"天人合一"的思想。物品的存在，是为了服务人类；为了满足人之所需，物品应运而生。这说明发明创造应注重物我和谐，即，物适合于人，人适应于物。

改进生活中使用起来不太顺手的物品，这是发明的意义之一。深入思考其不和谐现象的原因，并按照人类生活习惯加以改进，从而达到物我和谐的境界。

（三）物我和谐创造法应用要领

① 从"我"的角度考虑，留心生活中的物品在使用上的困难，本着为"我"服务的原则将物品加以改进；② 从"物"的角度出发，思考该物品在使用上是否会给一些特殊人群带来困扰，并对不足之处加以改进，使其更贴近生活所需。

三、轻松发明思想

（一）发明家的思维模式

大多数人都会想，要是有某某能帮自己做一些事情就好了；或者，这个物品要是能有什么功能就好了。但发明家不是空想家，他们会将这些困扰和想法转化为创造的动力，从而产生发明构想，并最终完成发明。

（二）发明家的行为模式

发明家在对物品进行改造或再创造时，不仅应从自身生活习惯考虑，更应切合大众意愿。在产生构想时应多加询问他人意见，合理采纳建议，这样才能使发明真正贴近生活，为人类服务。

（三）参赛者的发明梦想

我想发明一个自动升降锅。使用这个锅的人可以将不同食物分类放在不同隔间中，并分别给每个隔间设定适宜的加热时间。到时间后，停止加热，滤网自动上升，食物在滤网上，与水分离，同时借助水蒸气给食物保温，增加了吃火锅的乐趣。

（四）罗老师点评

发明创造源自生活，又高于生活，并为生活服务。朱怡霖同学发明的这项自动升降锅，可以说是满足了很多喜欢吃火锅的人们的需求，能够控制每种食物涮煮的时间，获得更完美的口感，并且提升了吃火锅的便利性。

能发明出这样实用性高且非常贴心的作品，来源于朱怡霖同学对生活的细致观察与思考，这是发明者最重要的品质。

目前市面上出现的一些智能火锅，已经实现了部分功能，比如把食材下入锅内，到达设定的时间，锅底的托盘就可以自动把食物滤出水面，食用者可以直接夹取食物。

而朱怡霖同学设计的这个作品进一步细化了涮煮功能，把不同的食物分在不同的隔间内，每个隔间都可以设置不同的时间，使得不同的食物涮煮不同的时长，这样保证使用者可以吃到口感更好的食物，在以往的产品基础上又进了一大步。

但是，在放入每种食物的时候，都需要设置涮煮时间，这会比较烦琐，建议可以给这个锅设置一种固定模式，比如羊肉栏固定 40 秒、毛肚栏固定 10 秒、青菜栏固定 30 秒等，如果更智能一些，每个栏可以自动识别某种食材，自动设置涮煮时间，这样这个锅就可以真正称为自动升降锅了。

希望朱怡霖同学能够进一步完善自己的发明创造方案，在将来生产制造出来一个更受欢迎的新产品。

案例 37

打 印 扫 描 笔

李文煜

> 打印扫描笔由李文煜同学发明。李文煜同学荣获第 15 届中国青少年创造力大赛金奖（参赛编号 2019161167），参赛时就读于河南省焦作市第一中学，现就读于东北大学材料专业。发明指导教师：罗凡华。

一、轻松发明方案

（一）发明名称：打印扫描笔

（二）发明方案附图

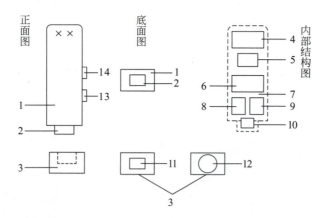

（三）发明方案附图各组成部分说明

各组成部分名称：1. 主体部分；2. 带磁性凸槽；3. 带磁性扫描头；4. 无线传输装置；5. 信息储存装置；6. 处理器；7. 电线等连接装置；8. 光信号存储器；9. 光信号转换器；10. 光信号发射／接收装置；11. 矩形扫描头；12. 圆形扫描头；13. 开关；14. 充电插口。

补充说明：本发明通过对被扫描对象进行扫描，即向被扫描物发射光信号同时将反射回来的光信号传入处理器从而形成图像或文字，获取所需打印内容，通过无线传输传至手机、电脑等终端进行浏览、打印。关于光信号的光源成分可根据需求而定，一般与打印机中扫描光源相同。

日常学习中，手抄错题十分费时，全部复印又浪费，采用打印扫描笔可轻松整理错题，同样，在工作中使用也会大有益处。

二、轻松发明方法

（一）创造法名称：笔缘组合创造法

（二）笔缘组合创造法原理

笔与什么有缘，就有可能和什么组合，如果打印与笔有缘，扫描与笔有缘，未来就一定有机缘出现和笔相关的新组合。

（三）笔缘组合创造法应用要领

从橡皮擦与笔的组合开始，笔缘就开始了，希望每个人都想一想，笔可以与什么组合，可以产生哪种新颖的物品或功能，而且生活中又很需要这样的组合。

三、轻松发明思想

（一）发明家的思维模式

发明家一定是一位思想家，有超凡的想象力，能建立一种思维体系，包括思维哲学、思维方式、思维范围、思维顺序、思维逻辑、思维伦理、思维本身、思维理念、思维内涵、思维外延，等等。发明家应该深入研究思维体系，并指导更多发明者的发明行为。

（二）发明家的行为模式

发明家应该运用发明家的思维体系，指导自己的行为模式，善于将理论用于实践，将抽象演变为具体，通过思想与预言，推论出一种发明创造，将灵光一现的想法绘制成一个发明方案，并及时申请专利。

（三）参赛者的发明梦想

有梦想与没有梦想的区别就好比有动力的飞翔与没有动力的滑翔，我的理想就是主动追求真理，主动探索发明规律。

（四）罗老师点评

李文煜同学发明的打印扫描笔，适用于学生制作错题集，使用该扫描笔可以将错误的题目扫描下来，传递到电脑上并且打印出来。这是一个灵感来源于学习生活的发明，目的是实现快速记录错题，为学习提供便利。这说明李文煜同学不但善于观察、勤于思考，并且希望通过发明提高学习效率，是一个热爱学习的同学，这非常值得肯定。

这项发明作品使用的原理类似于扫描仪的原理，通过强光收集影像，还拥有轻便、便携的特点，非常适合学生使用。但是需要注意的是，在设计中，使用强光收集射线需要非常大的能源支撑，同时需要保持手持设备的稳定，否则很难实现收集影像的目的，这是在实现产品功能时需要考虑的问题。李文煜同学设计的这款作品为我们提供了一种笔式便携扫描仪的思路，也将会成为一项优秀的实用产品。

希望李文煜同学在今后，能够发明出更多新颖的作品。

案例 38

带有枕头功能的挂件

靳 曲

带有枕头功能的挂件由靳曲同学发明。靳曲同学荣获第 15 届中国青少年创造力大赛银奖（参赛编号 2018169691），参赛时就读于河南师范大学附属中学，现就读于厦门大学经济学院数理统计专业。发明指导教师：罗凡华。

一、轻松发明方案

（一）发明名称：带有枕头功能的挂件

（二）发明方案附图

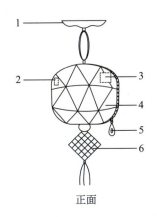

正面

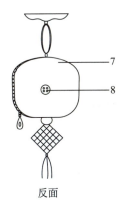

反面

（三）发明方案附图各组成部分说明

各组成部分名称：1. 强力吸盘；2.USB 充电插口；3. 无线电感应器；4. 温度感受器与温度调控板；5. 拉链；6. 装饰；7. 帆布；8. 纽扣。

补充说明：许多都市打工族都存在睡眠不足的问题，他们乘坐公共交通工具时会打盹，有时头会撞到车窗上。我将枕头与挂件结合，既便于携带，又能增加使用者的睡眠时间。

该方案所需主要材料有温度感受与温控材料、帆布、硅胶板。将吸盘吸在车窗上，用手机连接并控制枕头的温度调控系统，打开枕头的拉链亦可加入香草。该枕头挂件可以让使用者在通勤途中的睡眠更舒适，该挂件还有较好装饰性。

二、轻松发明方法

（一）创造法名称：组合压缩创造法

（二）组合压缩创造法原理

　　我的书桌前总会摆放一个盆栽，一个笔筒，两者占据了桌面的不少空间，而且笔筒质量轻重心高很容易被碰倒，于是我将两个 D 形塑料水杯组合起来，将左边的水杯用来栽种绿植，将右边的作为笔筒，这个组合美观且重心低，不易倒。

　　如今很多人提倡为生活做减法，这也让许多物品的功能精简到了极致，但若采用"组合法"将两个属性不同的物件有机结合到一起，可能会为生活创造更多的空间和便利，有时甚至会呈现出别样的美学效果。

　　组合压缩创造法的原理是将两种存在空间并不矛盾的物品，经过设计与改造，以一定的途径结合在一起，或节省空间、方便生活，或创造出原来单一物体所不具有的新颖功能。

（三）组合压缩创造法应用要领

　　① 被结合的几件产品在使用时空上具有一致性；② 组合后不减损或不阻碍单一产品原来的功能；③ 组合不是产品的简单叠加，而是彼此支撑；④ 可以借助现代科技实现多种产品功能上的组合；⑤ 应实现"压缩"的效果，以节省资源和空间。

三、轻松发明思想

（一）发明家的思维模式

　　作为发明家要善于发现生活中的不便利之处，善于发现才能为发明提供方向；发明要富有探索精神，跳出思维定式的奇思异想，才可能为发明提供可行方案；发明要有不惧失败的勇气，一个方案的否定是另一种可能的开始。

（二）发明家的行为模式

　　首先，发明家要有收集信息的能力，比如前人在类似问题上已取得的经验成果；其次，发明家要有独自开山的创新勇气，也许在别人听来是天方夜谭和痴人说梦，但如果自己坚持想法并付诸行动，亦可能呈现新奇有价值的发明作品。

（三）参赛者的发明梦想

我希望在日新月异的新时代，发明能成为一件"美"的事件，让生活中每一件问世的新产品背后，都寄托着发明者对人类文明的美学关怀，用户在使用产品时感受到的不仅是便捷的功能，还有安谧深邃的心灵体验，让"发明"成为新时代的一种文化，普及而温热。

（四）罗老师点评

发明创造并非是解决问题的万能钥匙，但发明创造一定是解决问题的关键，在当今大城市快节奏的生活中，长时间通勤几乎已经成为大多数年轻人的烦恼。

围绕通勤时间长的问题，靳曲同学为我们设计了这种带有枕头功能的挂件，可以说是给长时间通勤的人们带来了福音。

带有枕头功能的挂件具有调节温度的功能，同时能够吸附在车窗上，成为站立休息时也可以使用的枕头，为人们到岗后的工作提高效率，可以说是一项新颖又贴心的作品，可利用性及可实施性都较高，是一项优秀的发明方案。

我们通常是希望一项发明方案能转化成为一个应用广泛的产品，因此发明者在发明作品时应该结合实际，考虑作品的受众，考虑它是否合适成为一种畅销的产品，如果不合适，就应该改进思路，继续发明具有多功能的作品，让更多人能够因为使用它，使生活更加便捷。

希望靳曲同学能够进一步改善自己的发明创造作品，在未来让更多的人能够使用这种产品并从中受益。

案例39

滚筒爬楼轮椅

朱子达

> 滚筒爬楼轮椅由朱子达同学发明。朱子达同学荣获第 14 届中国青少年创造力大赛金奖（参赛编号 201816679），参赛时就读于河南省信阳市淮滨县高级中学，现就读于河南工业大学食品科学与工程专业。发明指导教师：罗凡华。

一、轻松发明方案

（一）发明名称：滚筒爬楼轮椅

（二）发明方案附图

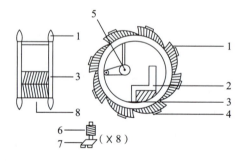

（三）发明方案附图各组成部分说明

各组成部分名称：1.防滑外轮；2.内含发动机座椅；3.内置座舱外框；4.连接口；5.手动传动装置；6.减震弹簧；7.外附抓脚；8.连接轴。

补充说明：随着残疾人数量的增长，轮椅使用量的增加，对多用轮椅的需求促使我们创造出能适应各种环境比如可爬楼的多功能轮椅。现应需改进现有轮椅。该滚筒爬楼轮椅能在有电或没电情况下，适应坡道、平路，以及其他行驶环境。主要结构有外置滚筒形重轮、内部座舱、下置重心。主要制作材料有金属轮、连接部件、发动机。

二、轻松发明方法

（一）创造法名称：应需演绎创造法

（二）应需演绎创造法原理

在盛行写信的那个年代，将邮票从整版上撕下来很麻烦，阿切尔经过仔细观察与动手实践，发明了邮票打孔机，从此每张邮票四周打满齿孔，易撕的齿孔邮票诞生了。

有需求，才有发明和生产，我们顺应人们的需求发明出各种器物，在需求的基础上演绎以寻求答案，为人们带去福祉，发明本就应本着以人为本的原则，努力让人们的生活更加美好。

应需演绎创造法的核心原理是顺应一般大众的需要，经演绎、建模、实践，制定满足需求的方案。

（三）应需演绎创造法应用要领

① 一定要抓住实际需求，正确地把握演绎方向，也就是说，如果需要的是更节省，这时大可不必考虑更强大的动力系统；② 了解什么是人们所需，如何才能满足，这需要我们有一双会发现的眼睛。

三、轻松发明思想

（一）发明家的思维模式

思维本是个人精神世界，可发明家必须将自己的心与朋友乃至人类的心相系，应人所需，常葆一颗灵动而好奇的心，永远好奇新的事物，并以为人民服务为目标，这样方可发明出真正好的物品，改善人们的生活。

（二）发明家的行为模式

发明家必须严于律己，因为一个疏忽大意的发明家无疑会给发明带来致命缺陷，同时也要热爱自己的事业，这样才能获得源源不断的动力，在发明这条路上越走越远。

（三）参赛者的发明梦想

我发现一直以来，由于不同的原因，很多人备受各种不方便的困扰，因而我想多多少少做一些东西，能切切实实帮助到大家，不求留名史册，但求令痛苦的人不再痛苦，令不方便的事变得方便，让大家的生活快快乐乐，幸福美满。

（四）罗老师点评

发明创造需要贴近生活，解决生活中的具体问题，同时还可以换一种方式解决问题。朱子达同学发明的这项滚筒爬楼轮椅为我们提供了轮椅爬台阶的另一种思路，使用带有齿状轮的轮椅爬楼梯，并配有减震系统，可以在爬楼梯的过程中减轻振动。

　　朱子达同学发明的这种新型的滚筒爬楼轮椅，其轮子上的齿是为了可以爬上一级台阶，但是轮子上的每个齿的间距都一样，如果台阶的高度过高或过低，就无法有效连续爬升每一级台阶。同时，虽然发明者在每个齿下都安装了减震设备，但是需要注意的是，使用这种齿状轮爬升台阶时，会产生很大的阻力，如果纯靠人工手推，需要非常大的力气才能推上台阶，因此建议在上台阶时加上电动助力，同时加入止逆装置，万一出现紧急情况，轮椅可以牢牢卡在台阶上，不至于滑下来。

　　希望朱子达能够进一步学习发明创造知识，不断改进自己的设计，相信这个发明的实现会为障碍人士带来更实用的帮助！

案例 40

传　送　门

程培琳

> 传送门由程培琳同学发明。程培琳同学荣获第 15 届中国青少年创造力大赛银奖（参赛编号 2018170085），参赛时就读于河南省许昌市许昌县第三高级中学，现就读于厦门大学人文科学专业。发明指导教师：罗凡华。

一、轻松发明方案

（一）发明名称：传送门

（二）发明方案附图

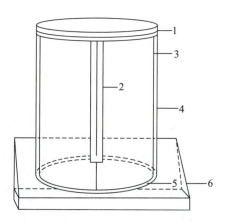

（三）发明方案附图各组成部分说明

各组成部分名称：1. 扫描仪兼打印机；2. 收纳盒；3. 管体；4. 支架兼传输管；5. 契合槽；6. 基台（含传输光纤）。

补充说明：此发明利用 3D 打印实现传送，可替代空间传输实体物品。其目的是为了避免运输途中的各种危险，节省时间，从而高效连接世界，加速全球化进程。如果此发明在将来成为现实，无疑将加强各国联系，促进世界和平发展。主要制作材料有可收缩类石英晶体、光纤、结构分析机、高分子坚硬物料。

二、轻松发明方法

（一）创造法名称：传送门创造法

（二）传送门创造法原理

奥兹冰人是至今保存最完整的古人类干尸，其保存条件十分严苛。为方便更多游客参观和了解奥兹冰人，博物馆采用 3D 打印技术完美复制出一个模型，让更多的人了解奥兹冰人。

在文学作品中，科幻、奇幻类小说占据重要一席。这其中总少不了"传送门"——一种可以将人传送至千里之外的特殊通道。在科技发达的现代社会，如果真的有"传送门"，世界将真正变成一个"地球村"。

利用 3D 打印技术，处在 1 号传送门的物体将被扫描出结构，并传递到 2 号传送门。在迅速打印出完全相同的个体之后，再对 1 号传送门中的个体进行销毁或回收处理。也可以通过量子等技术将意识电流由 1 号门传送至 2 号门，在 2 号门进行完整重现。

（三）传送门创造法应用要领

① 要区分非生命物品与生命体；② 物品传送后可以对原物品进行回收；③ 对活物则需要考虑伦理道德问题，应采用解构传送的方法，避免出现克隆人等，引起社会恐慌。当然，3D 打印技术需要继续进行升级，以确保打印速度，实现瞬时打印，目前可先进行非生命物品传送实验。

三、轻松发明思想

（一）发明家的思维模式

首先要有一双善于观察的眼睛，细心探究生活中哪些技术可以应用于物品改造，哪些不便之处在困扰着人们。从这些困扰入手，坚持不懈，知错就改，恪守道德原则，为人类的未来，不断开展发明创造。

（二）发明家的行为模式

若想成为发明家，首先要努力学习科学知识，扩充知识储备，为未来的发明打下坚实基础。然后，在面对困难时可以求助相关学者进行答疑，以启发思路。同时，要勤于实践，培养动手能力，以促进所想成为现实，在实践中纠错与改正。

（三）参赛者的发明梦想

电影、小说中高度发达的社会令我向往不已，高度便捷的生活能让我们更好地求知与探索，这本身就是一种快乐。我想我也能出一份力，创造出一些便捷的物品，给人们带去更多的幸福与美好。例如，传送门的实现，就能满足科幻迷、奇幻迷们的期待。

（四）罗老师点评

发明创造与异想天开有时能成为优质组合，信息时代更需要异想天开的发明创造。传送门是在科幻电影及动画片里常常见到的一种理想的传输装置。当我们推开这扇传送门，就能瞬间去到我们想去的地方。

程培琳同学的这项发明，为这种传送门提供了科学的方案。使用扫描仪及 3D 打印机，可以将扫描信息转化为电信号发送至千里之外，并将一个物品快速复制出来，再将原物品销毁，这就等同于实现了物品传递。这是一个非常有创意、非常新颖，并且具有科学依据的发明，为我们提供了超前的思路，是一项非常优秀的创新作品。虽然目前市面上的 3D 打印机有很多，各项功能都在不断完善，但是 3D 打印技术最大的瓶颈在于材料和制造工艺的突破。如果想要实现复制各种物品，需要全品类的材料及制造工艺的集成，而这是非常不容易实现的。因此目前市面上的 3D 打印机还局限于使用某几类材料打印模型的阶段。而且，全品类的复制能力也在社会影响上存在争议，如复制纸币、枪械、烟草等，都会带来一系列社会问题，这些问题也要在产品设计之处就加以考虑。

希望程培琳同学能够在 3D 打印技术领域做进一步研究，完善自己的发明创造，为人类的科学技术发展作出贡献。

案例 41

新型音乐泳镜

李泊慷

新型音乐泳镜由李泊慷同学发明。李泊慷同学荣获第 15 届中国青少年创造力大赛金奖（参赛编号 2019161215），参赛时就读于河南省郑州市第十一中学，现就读于河南工业大学食品科学与工程专业。发明指导教师：罗凡华。

一、轻松发明方案

（一）发明名称：新型音乐泳镜

（二）发明方案附图

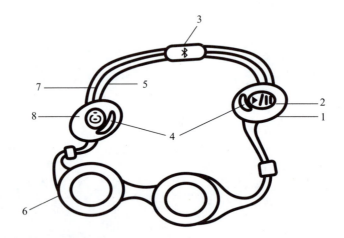

（三）发明方案附图各组成部分说明

　　各组成部分名称：1. 骨传导耳机出频器；2. 播放 / 暂停键；3. 蓝牙发讯器；4. 声卡音波调节器；5. 防水层；6. 泳镜镜片；7. 耳机线；8. 电源。

　　补充说明：针对现今时代大众对"简易娱乐"的需求，如游泳时听音乐，且不影响其正常运动，设计此新型耳机泳镜。忽略对超高音质的需求，坚持保护耳朵的原则，可使用"骨传导耳机"，因为该类耳机只需贴合颅骨，利用振动所引起的共振实现信息传递，适合大众在游泳时佩戴。发明方案的耳机与常用耳机在用途上的差别在于其可长时间泡水，这得益于耳机采用了"Ip67"级以上防水设计及蓝牙配件。双击"播放 / 暂停"键，可实现"切歌"，利用蓝牙连接播音源，即使用耳机上的装置亦可调出使用者爱好的音乐。镜片可调节屈光度，这对近（远）视使用者极为重要。电源、声卡问题属配置问题。该新型音乐泳镜总体是对人们生活有益且便捷的一项设计，其产品生产也将非常简便。

二、轻松发明方法

（一）创造法名称：功能拼合创造法

（二）功能拼合创造法原理

每一个物品的存在都有其价值。拼合功能的原理是将功能不同、结构不同，但可实现一体化的物品拼合为一个整体，而在此过程中可能会实现的用途。将所有不同的功能拼合后，再间接创造新功能的现象，就叫功能拼合创造法。

（三）功能拼合创造法应用要领

① 要将准备拼合的两物品进行功能比对、建模，确定其在拼合后是否能够产生新价值，或是其拼合的可实现性；② 有许多事物是通过功能拼合而被开发出来的，例如，录音笔因在笔上拼合了新功能，从而实现了以笔为载体进行录音的功能；③ 发明设计阶段应对各功能进行大胆拼合。

三、轻松发明思想

（一）发明家的思维模式

根据当下人们的喜好，如听音乐、游泳，引发了发明家设身处地的感想，即如何将两项事情同时进行，从而减少时间浪费，实现新型娱乐方式，兼顾效能管理、电子科技与艺术设计，真正为大众提供生活便利。

（二）发明家的行为模式

简单说来，发明家要善于换位思考，这样才能切身体会到周围的人和事物之间的联系与矛盾，从而找到发明创新的突破口。

（三）参赛者的发明梦想

游泳爱好者往往不光是爱好游泳，也对听音乐感兴趣。以一项简单的"功能拼合"设计产品引发全民思考——从效能管理的角度提高时间利用率，也从艺术角度引发人们对新鲜事物的探索和设计。总而言之，我想发明能引发全人类创新思维的新事物。

（四）罗老师点评

　　人们在生活中有很多种不同的身心状态与需求，需要通过发明创造来满足它们。针对现今大众对"简易娱乐"的需求，如游泳时听音乐，且不影响游泳者的正常运动情况。李泊慷同学设计了此款新型耳机泳镜。忽略对超高音质需求，坚持保护耳朵的原则，使用了"骨传导耳机"。该类耳机只需贴合颅骨，利用振动实现声音传递，适合大众在游泳时佩戴。该耳机与常用耳机在应用场景上的差异即需要长时间泡水，这使得该耳机需使用"Ip67"级以上防水设计及蓝牙配件。"播放 / 暂停"为单击，"切歌"为双击，利用蓝牙连接声音信号源，即使用耳机上的装置亦可调出使用者爱好的音乐。镜片调节屈光度的功能对近（远）视者极为重要。总体来看，这是对人们生活有益且便捷的一项设计。

　　李泊慷同学发明的这款新型音乐泳镜设计合理、结构创新、创造性强，将游泳与音乐欣赏完美地结合，合理地将耳机集成在了泳镜上，使得游泳这项运动不再枯燥，为大众运动提供了更佳的体验。

案例 42

可喷水雾式空调

魏新钰

可喷水雾式空调由魏新钰同学发明。魏新钰同学荣获第15届中国青少年创造力大赛金奖（参赛编号 2019161196），参赛时就读于河南省洛阳市第二高级中学，现就读于河南大学通信工程专业。发明指导教师：罗凡华。

一、轻松发明方案

（一）发明名称：可喷水雾式空调

（二）发明方案附图

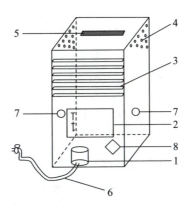

（三）发明方案附图各组成部分说明

各组成部分名称：1.储水槽；2.显示器；3.出风口；4.喷雾口；5.温度/湿度感应器；6.注水管；7.消声器；8.自动语音识别及聊天装置。

补充说明：可喷水式空调主要应用在长时间使用空调的季节，因为长期用空调会使空气过于干燥，进而引起一些疾病。因此，可以在空调周围安装几个喷水雾的小孔，辅以感应装置，随时将温度和湿度调至宜人状态。之后即可暂停运行，以节能环保。为了避免影响睡眠较浅的使用者，特增加消声器，从根源上减少噪声。此外，该空调还应用了自动语音识别及聊天装置，使用者可以与智能语音设备自由聊天，极其便利！

二、轻松发明方法

（一）创造法名称：减少耗能创造法

（二）减少耗能创造法原理

该原理主要利用电磁感应的原理。例如，在汽车发动机旁多加几个发动装置，当其中一个开始运行，电路闭合，产生电流和焦耳热。在其温度过高之前，利用互感，让另一个开始运行，前一个暂停如此交替循环。类似这样的设计，可减少因热量而过多损失能量。

（三）减少耗能创造法应用要领

以减少耗能为主要创造目的，从如何减少能源消耗的问题出发，追根溯源去探究，突破现有设备的能源污染瓶颈，以求达到能源的高效清洁应用。

三、轻松发明思想

（一）发明家的思维模式

发明家应该找到新的解决方案，应对现在能源消耗过多的现象，从减少耗能的目的出发，探究为什么已有形式的能量损失最多，并立足于解决这一问题的角度来设计发明。

（二）发明家的行为模式

发明家应该像工匠一样，勤思考、勤动手，多设计几个方案并完成基本模型，然后进行模拟实验，并加以改进，在分析数据时应做到全面、准确。

（三）参赛者的发明梦想

我希望发明一些绿色、环保，可减少能源损耗的生活用品，让人们生活更加便利、快捷，且不会造成过多污染，让子孙后代都可以免受环境污染的威胁。

（四）罗老师点评

需求是发明创造的外在驱动力，探寻需求是发明创造的首要任务。可喷水式空调主要适用于开空调的季节，因每次开空调都会因空气湿度太低而引起一些人体疾病。人们可以在空调周围安装几个喷水雾的小孔，根据感应装置，来将温度和湿度调至最佳状态，可依据环境来暂停运行，这样可以节能、省电。为了避免一些睡眠较轻的使用者被噪声干扰，特增加消声器，从根源上减少噪声。此外，该发明还应用了自动语音识别及聊天装置，让生活变得便利而有趣！

魏新钰同学以发明绿色、环保的生活用品为宗旨，引领低碳时代，让人们生活更加便利、快捷且避免造成过多污染，为人们的身心健康提供了强有力的保障。

案例 43

智能多用新型懒人沙发

崔　宇

智能多用新型懒人沙发由崔宇同学发明。崔宇同学荣获第 15 届中国青少年创造力大赛银奖（参赛编号 201908113），参赛时就读于黑龙江省大庆实验中学，现就读于海南大学国际旅游学院国际旅游管理专业。发明指导教师：罗凡华。

一、轻松发明方案

（一）发明名称：智能多用新型懒人沙发

（二）发明方案附图

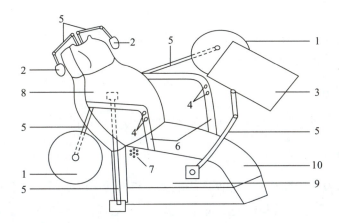

（三）发明方案附图各组成部分说明

各组成部分名称：1. 可旋转托盘；2. 耳麦；3. 电脑书架一体桌；4. 按键；5. 可调节弹簧；6. 加热 / 制冷扶手；7. 加湿 / 香薰孔；8. 按摩靠背；9. 绝缘电线箱；10. 座椅。

补充说明：该沙发集休闲、学习用途于一体。旋转托盘可用于放置随手取用的物品。耳麦无线连接电脑，无需有线耳机。电脑书架一体桌通过直接旋转可以放置书籍。按键分别可调控扶手、按摩椅，以及座椅升降。弹簧用于调节高低或角度。扶手可加热或制冷。座椅外侧可进行喷雾加湿或香薰喷洒。靠背可以为使用者提供按摩。所有电线都可收纳在绝缘电线箱内，保证使用者的用电安全。

二、轻松发明方法

（一）创造法名称：多元功能创造法

（二）多元功能创造法原理

这种创造法是通过总结常见的一元功能，将多种物品的功能进行结合，并进行集成和完善，使得创造物具有更强大的功能，达到一件创造物的功能超越几件物品的功能，实现功能多元化和集约化。

（三）多元功能创造法应用要领

在使用过程、功能种类、智能程度上实现为人们生活提供便捷的目的。

三、轻松发明思想

（一）发明家的思维模式

发明家要综合思考问题，从实际需求出发，将多种物品的便利人类生活的部分进行组合，开展多方面假想与推测，全面地看待新事物的整体功能。

（二）发明家的行为模式

发明家应详细、周到地考虑人类需求、现有科技程度以及未来科技发展方向。

（三）参赛者的发明梦想

我的发明理想是通过发明造福社会，方便人类的生产与生活。比如，在未来的某一天，智能多用新型懒人沙发可能会普及，大大降低疲劳与相关疾病发病率，让劳动者在工作的同时还可以及时得到休息。

（四）罗老师点评

让发明创造为懒人服务也未尝不可。随着生活水平的提高，人们对精神与生活要求也越来越高，未来的市场将会大批量地涌现出更多的舒适型产品，而这些新产品也将朝着简约的方向发展。

智能多用新型懒人沙发是设计革新的结果，是打破常规迎合当下时代潮流的新理念，因而它的产生也必将掀起一场热潮。现在，人们的生活理念也朝着简单、舒适、自由转变，虽说它没有传统沙发的雍容华贵，却胜在轻巧、自由、舒适、简单，自然是符合当下人的追求。

　　崔宇同学发明的沙发集休闲、休息、学习于一体，既舒适又迎合大家求变的兴趣。未来的某一天也许这款智能多用新型懒人沙发会得到普及，缓解劳动者因疲劳造成的病痛。

　　发明是以智慧寻求事半功倍的捷径，是在生活的细节中追求简单易行，务求用智慧创造去享受生活的点滴乐趣。懒人家居在字面上是指适合懒人用的家居用品，实则是指一切具有方便实用以及人性化设计的先进的新型生活家居用品。它们可以让您花最少的时间、用更简单的方式拥有同样精致的生活。

案例 44

制冷加热双用箱炉

池晨卓

制冷加热双用箱炉由池晨卓同学发明。池晨卓同学荣获第 15 届中国青少年创造力大赛金奖（参赛编号 2019161218），参赛时就读于湖北省孝感市第一高级中学，现就读于华中师范大学国际文化交流学院。发明指导教师：罗凡华。

一、轻松发明方案

（一）发明名称：制冷加热双用箱炉

（二）发明方案附图

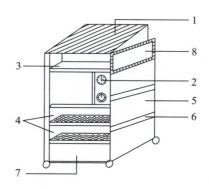

（三）发明方案附图各组成部分说明

各组成部分名称：1. 太阳能电池板；2. 电磁炉调转器；3. 传热加压炉板；4. 隔热降压箱板；5. 钢化玻璃箱炉门；6. 饮品保鲜保存板；7. 制冷保鲜箱；8. 磁铁吸能蓄电箱。

补充说明：电磁调转器是调节磁炉温度的旋钮，隔热降压箱板可防止磁炉温度传递到下方的制冷保鲜箱，而传热加压炉板则将太阳能转化产生的热能传递到电磁炉内，以缩短加热时间。磁铁吸能蓄电箱则是将多余的太阳能转化并储存，以便在阴雨天无阳光时使用。钢化玻璃箱炉门让箱炉内的食品一目了然，并增加了产品的美观度。下方的 4 个轮子便于箱炉的移动，饮品保鲜保存板可以节省空间，让箱炉增大容纳量。

二、轻松发明方法

（一）创造法名称：双用节能创造法

（二）双用节能创造法原理

将产品应用于截然相反的两个领域，利用清洁能源对产品进行供电，并在产品中增加多个微型功能以便分时段使用，免去了多个产品同时使用时的不便和累赘。

（三）双用节能创造法应用要领

将一个物品设置出两种用法，既省时又节省空间，同时可利用隔离挡板将多余空间充分利用。若应用于耗能大、耗时长的场景，在单独使用某一功能时应该注意将其他功能关掉，以减少能耗。

三、轻松发明思想

（一）发明家的思维模式

将能量转化为电能或其他可供人们利用的能源类型，并在此基础上拓展物品的应用领域。将太阳能转化并储存在产品中并加以利用。将产品划分为几个相对独立的小部分，每个部分都有不同的功能，以此实现产品更高的利用率。

（二）发明家的行为模式

给箱炉上方安装太阳能电池板，方便在家中露天阳台充分利用太阳能充电。在箱炉下方安装轮子，方便天气变化时移动产品。在箱炉隔板中间安放电磁炉，用隔热板和传热板将箱炉分隔为两部分，方便产品的分区利用。在下方安装保鲜箱，使箱炉内的食物能长时间保鲜。如前所述，发明家的行为要逻辑连贯。

（三）参赛者的发明梦想

我希望让一个产品拥有多个功能，从而大大减少能源支出，缩短使用时间，也可以腾出使用空间，大大提高产品使用效益。

（四）罗老师点评

在矛盾中寻找发明创造的机会。池晨卓同学发明的制冷加热双用箱炉，是希望让一个产品拥有多个功能。这不仅会大大减少能耗，也能提高空间利用率，大大提升产品利用效益，让产品发挥更多实用性。

案例 45

光能生物能高效保温杯

周维熙

生物能高效保温杯由周维熙同学发明。周维熙同学荣获第 15 届中国青少年创造力大赛银奖（参赛编号 201918421），参赛时就读于湖南省冷水江市第一中学，现就读于中国人民公安大学安全防范工程专业。发明指导教师：罗凡华。

一、轻松发明方案

（一）发明名称：光能生物能高效保温杯

（二）发明方案附图

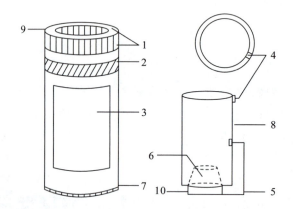

（三）发明方案附图各组成部分说明

各组成部分名称：1. 嵌入式太阳能电池组；2. 防滑手握；3. 摩擦发电蓄能板；4. 电路连接接触口；5. 电极；6. 加热装置；7. 防滑橡胶圈；8. 可拆式内胆；9. 防摔护圈；10. 电池。

补充说明：考虑到电池组较易损坏，均使用内嵌入式电池组，并外覆一层高透光工程塑料。内胆设计为可拆式，便于清洗。内胆内部全镀银处理，导电性好，故只需在杯盖和内胆处设计一对电接口。内胆上的电极可产生微小电流，使杯中液体富含负氧离子，有益健康。加热装置利用电流给杯中液体加热、保温。摩擦发电蓄能板利用手抓握时的压电电压，将热能转化为电能。

二、轻松发明方法

（一）创造法名称：现实改进创造法

（二）现实改进创造法原理

现实改进创造法是在已有日常用具的基础上，从人们特殊需求出发，利用技术对已有用具进行创新升级的方法。

（三）现实改进创造法应用要领

现实改进创造法需要紧紧抓住人们日常生活中的需求，利用现今已成熟的、低廉实用的技术对传统工艺进行改造创新，从而避免因高技术带来的过高成本，消除百姓因用不起而不愿更新用具的心理，从而推进创新技术与新型实用工具的推广运用。

三、轻松发明思想

（一）发明家的思维模式

发明家应该保持儿童般的敏于发现的心态，并在发现问题后，迅速以发明者严谨的态度、坚持不懈的精神对问题进行探索、突破，从而实现技术进步，推动社会发展。

（二）发明家的行为模式

发明家应有"两重身份"在日常生活中敢于尝试，面对发现的新问题，要保有"儿童心态"；在研发过程中，应坚持不懈、敢于创新，善用逆向思维，并要联系实际。

（三）参赛者的发明梦想

希望能通过自己的付出与贡献，为人们的生活带来更多的方便与迅捷，让时代在发明家的托举中绽放出更耀眼的光芒，同时努力培养新生力量，为中国科教的创新发展作出贡献。

（四）罗老师点评

在发明创造的过程中，可以探索不同的方式实现某一个功能。保温杯在人们的日常生活中随处可见。然而保温杯所盛饮用水的水量不能满足人们外出活动的需求。特别是在冬天，人们通常喜欢喝热水，但是市面上的保温杯良莠不齐，难以保证保温效果。为此，周维熙同学发明了这款生物能高效保温杯，保障了使用者在有干净水源的地方都可喝到热水。

案例46

带有硬币分装功能、自动计数功能的钱包

魏思旭

> 带有硬币分装功能、自动计数功能的钱包由魏思旭同学发明。魏思旭同学荣获第 15 届中国青少年创造力大赛金奖（参赛编号 201808101），参赛时就读于吉林省长春市东北师范大学附属中学，现就读于吉林大学西班牙语专业。发明指导教师：罗凡华。

一、轻松发明方案

（一）发明名称：带有硬币分装功能自动计数功能的钱包

（二）发明方案附图

外部结构

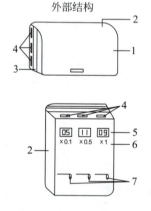

内部结构

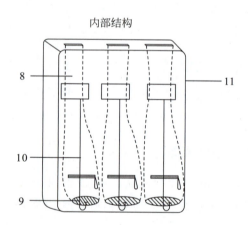

（三）发明方案附图各组成部分说明

各组成部分名称：1. 钱包前盖；2. 硬币分装区；3. 钞票、证件前隔层；4. 三种尺寸的硬币投入口；5. 计数显示区；6. 硬币面值大小显示；7. 硬币取用口（拉链）；8. 丝质柔软布袋（上略窄下宽，方便硬币下滑）；9. 圆形磁铁圆盘（吸附硬币防止掉落）；10. 电子计重显示元件（根据不同的单重与压力计算数量）；11. 皮质外层。

补充说明：该设计的目的是让硬币得到更快捷的分装、计数和使用。设计灵感来源于 1 元硬币的逐步推广，1 元纸币即将被取代。但是硬币存在易丢失、不易储存、不易计数的劣势。这款钱包的设计有望改善

这些问题。核心结构详见"内部结构"图。

二、轻松发明方法

（一）创造法名称：模仿衍生创造法

（二）模仿衍生创造法原理

很多事物虽有不同的功能，但其内在原理其实是相似的，即其使用功能是依据原理从不同角度进行的延伸与衍生。同样，当我们面对技术空白或未知领域时，也可以采用或模仿生物或已有物品，如将滑梯用于逃生等，诸如此类，解决现实的问题。

（三）模仿衍生创造法应用要领

① 研究现有问题，探究并归纳其特征；② 从使用方法、操作原理、特殊性质、机关配件等方面拆分已有物品，并进行总结与分析；③ 进行比较与配对，发现待解问题与已有操作方法的共性，进行引用、衍生、延伸；④ 多留心身边事物，注意分析其特性。

三、轻松发明思想

（一）发明家的思维模式

人们在生活中使用一件物品、一种功能时，一般不会去深究其内在原理，而发明家在进行思考时，应跳脱出固有思维模式，寻找其特点，发现实现其功能的核心原理，并进行操作模式与流程的简化。

（二）发明家的行为模式

发明家应像社会观察家一样，具有强大的洞察能力、分析能力和统筹能力。观察时应删繁就简，保留其核心功能；分析时应进行多方面的比较；统筹时应将其构想应用于现实背景。

（三）参赛者的发明梦想

发明改变生活，推动世界发展与人类进步。发明看似高不可攀，实则是日常经验与思维探索的结晶。每个人都有机会进行发明。我的理想是用小小的发明改善生活，哪怕作用微乎其微，对我而言也弥足珍贵。

（四）罗老师点评

每个发明创造都是为了解决问题。魏思旭同学发明的这款带有硬币分装功能、自动计数功能的钱包，正是为了解决硬币分类与储存的烦恼而设计的。

　　发明创造的核心任务是构想并绘制一个清晰明确的设计图。本发明创造的方案设计图很清楚地表达了设计意图，其各组成部分名称准确。

　　同学们认为发明创造很难，但经过学习发明创造的课程后，很多同学都能领悟发明创造的底层逻辑，从内心感到发明创造也可以很容易，在设计新的产品时，也可以充分发挥自己的想象力，解决一个或多个生活中的实际问题。魏思旭同学的发明创造案例，就是一个范例，值得初学发明创造的同学借鉴。

　　生活中还有很多问题，期待我们去发现，并应用一些技术知识去提出相应的解决方案。如此一来，一项新的发明创造也许就应运而生了。

案例 47

空间利用家具

薛 越

空间利用家具由薛越同学发明。薛越同学荣获第 15 届中国青少年创造力大赛金奖（参赛编号 201901510），参赛时就读于吉林省长春市东北师范大学附属中学，现就读于北京工业大学金融学专业。发明指导教师：罗凡华。

一、轻松发明方案

（一）发明名称：空间利用家具

（二）发明方案附图

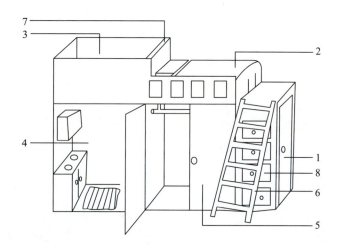

（三）发明方案附图各组成部分说明

各组成部分名称：1. 卫生间；2. 床；3. 储物间；4. 厨房；5. 衣橱；6. 梯子；7. 可拆隔板；8. 抽屉。

二、轻松发明方法

（一）创造法名称：高效利用创造法

（二）高效利用创造法原理

生活中总是有很多空间和时间得不到有效的利用，如何高效利用这些空余空间和时间是值得深入研究的问题。高效利用创造法是在一定的时空背景下，思考如何高效利用时空的方法。这将促进人们提高效率，实现高效地工作、生活与学习。

（三）高效利用创造法应用要领

高效利用创造法是对原有工具的发展与创新，可以应用在许多实践领域，比如提高时间使用效率的工作表，高效利用空间的储物装置，等等。

三、轻松发明思想

（一）发明家的思维模式

作为一名发明家，应具有探索世界的勇气，具有质疑一切的魄力。面对未知或已知事物，发明家应结合现有科学技术，思考"怎样才能做得好""怎样才能做得更好"等一系列问题，唯有如此才能设计出更有意义的发明。

（二）发明家的行为模式

发明家应勇于实践，努力将梦想化为现实。同时，发明家应积极担当重任，不畏艰难，勇于挑战自己，勇于挑战未来。面对非难，发明家应坚定本心与意志，不被困难打败。

（三）参赛者的发明梦想

在我很小的时候，看见母亲用塑料瓶给植物浇水，然而这样并不能均匀地湿润土壤。经过思考，我用笔在塑料瓶上钻出很多孔。这样，妈妈只需轻轻地挤塑料瓶，就能均匀地为花浇水。

（四）罗老师点评

薛越同学的发明创造方案是比较复杂的方案，从其发明创造的名称上就可以知道是为了解决空间利用问题。其发明创造的任务明确，空间利用家具的方案设计图纸十分清晰，结构明了，是一项很好的发明创造。

该发明在功能设计上主要是基于薛越自己生活的经验与感受，设计出让自己满意的功能及结构。关于梯子的设计，既可以满足我们上下攀登的需要，还可以有更加多的创新设计。例如，修改成手摇式升降梯子，或是带显示功能的梯子等，也可以设计多种规格的梯子，包括固定的、可伸缩的，以适合更多不同场景的需要。

发明创造没有穷尽。今天，薛越同学已经有了一个很好的开端，并体会到了发明创造的乐趣。第一次的成功能够鼓励与激发人们迈向下一次更大成功的信心与勇气，创造出更多的发明杰作。

案例48

多功能智能个性化便携护耳

陈　静

> 多功能智能个性化便携护耳由陈静同学发明。陈静同学荣获第 15 届中国青少年创造力大赛金奖（参赛编号 20191012），参赛时就读于江苏省盐城市第一中学，现就读于南京信息工程大学数学与应用数学师范专业。发明指导教师：罗凡华。

一、轻松发明方案

（一）发明名称：多功能智能个性化便携护耳

（二）发明方案附图

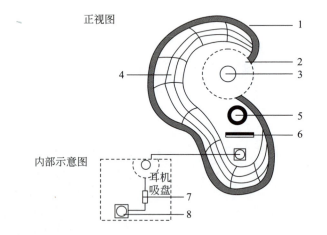

（三）发明方案附图各组成部分说明

各组成部分名称：1. 橡胶护耳垫；2. 真空吸盘；3. 运动型耳机；4. 太阳能集成充电板；5. 细菌 DNA 存储记忆盒；6.USB 充电接口；7. 小型力传感器；8. 吸盘力度调整旋钮。

补充说明：（1）组成 4 和组成 6 皆为充电备用式方法，组成 4 的太阳能电池板可便于紧急情况时充电，USB 接口便于连接各类现代化数据线。（2）组成 5 在国际上已有成功案例，已证明细菌 DNA 可如同存储卡一般记忆画面、声音，而更重要的是细菌 DNA 储存卡体积更小，更便于携带，且不存在坏掉、磁化的现象，其记忆存储容量是普通存储卡的十几万倍。（3）组成2是真空吸盘，不同于大范围式真空吸盘，本品只限于耳洞周围，以减少使用者长期处于内真空状态的不适感，真空吸盘不仅在材料上更贴合耳部，而且能有效减少水汽与噪声对耳朵的伤害。（4）组成7和组成8可精确调控真空吸盘的力度，便于调节适于自己的最适强度。

　　发明原因：作为一名游泳爱好者，长时间处于水体环境易造成中耳炎等疾病，这给我带来很大的困扰。而现代防水式耳塞多为固体形态，单纯填充式防水也不利于耳朵的防护。科技的发展使人与人的空间距离不断缩小，与此同时个体的私人空间也极易被侵犯，其中，噪声给人带来的痛苦尤为显著。现代海绵式降噪耳塞并不能起到很好的效果，而大范围真空吸盘又易造成较大不适感。

二、轻松发明方法

（一）创造法名称：综合联想创造法

（二）综合联想创造法原理

　　为某一种领域的应用便利而综合相同类型，或针对同一种对象综合使用多种便利的方法，同时联想其他可添加的功能，并将它们作用于同一物体。

（三）综合联想创造法应用要领

　　主要体现在减少人们采买过多物品，力求在一件物品上最大限度综合更多功能，以便提高物品的使用效能。

三、轻松发明思想

（一）发明家的思维模式

　　同样是观察一个物体，发明家更具有整体思维能力，会利用同一物体，总结同一类型，综合事物的不同方面，以得出事物的普遍规律，再结合规律开展发明创造。

（二）发明家的行为模式

　　发明家应该更注重把握事物的内部联系与运行机理，尝试结合不同事物的相似功能以达到更高效的目的。

（三）参赛者的发明梦想

　　人们愈加害怕科技的双刃剑可能带来的伤害，希望能将科技真正造福于人民个体的健康，将科技运用于对人们有益的发明。

（四）罗老师点评

　　陈静同学发明的多功能智能个性化便携护耳，在设计思想上十分超前，解决了游泳护耳存在的一些问题，同时，还进一步拓展其附加功能，包括太阳能集成充电板和 USB 充电接口，能有效解决耳机的充电问题。另外，该发明还运用到了细菌 DNA 存储的新概念。

　　陈静同学的发明创造十分成功，希望你继续努力，结合更多的新技术实现更多的发明创造。

案例 49

手指陀螺新型学生电风扇

沈益栋

手指陀螺新型学生电风扇由沈益栋同学发明。沈益栋同学荣获第 15 届中国青少年创造力大赛银奖（参赛编号 201811255），参赛时就读于江苏省泰州市靖江市第一高级中学，现就读于中国地质大学（北京）资源勘查（固体矿产）专业。发明指导教师：罗凡华。

一、轻松发明方案

（一）发明名称：手指陀螺新型学生电风扇

（二）发明方案附图

叶扇部分

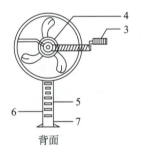

背面

（三）发明方案附图各组成部分说明

各组成部分名称：1. 磁悬浮叶片轴；2. 固定用可拆卸支架；3. 摇柄；4. 变速器；5. 照明用 LED 灯；6. 人体工学手柄；7. 手柄音箱。

补充说明：将多种工具集于一体，有效发挥各工具作用，集合多种功能，既能服务各大人群，也可以使工具效益最大化，减少不必要的生产损失。主体用环保塑料，圆环磁极 2 块，叶片由轻塑料制成，另需 LED 灯若干，MP3 一个，导线若干。手摇式电风扇吹风省力、便捷。叶片可拆卸下来用作手指陀螺，用于日常减压。LED 灯护眼可用于阅读之用。叶片轴采取磁悬浮，并和自行车变速器结合，大幅节省学生使用时付出的额外功，从而提高机械效率。音乐播放等多种功能也可以帮助学生减压放松。

二、轻松发明方法

（一）创造法名称：旁征博引创造法

（二）旁征博引创造法原理

曾经，一个睿智的家庭主妇苦于烹饪所需器材过于繁杂，于是她发明了多功能厨具，能将煮粥、蒸饭、煲汤、蒸面包等功能集于一体，一下子减少了烹饪器具的数量。这一发明深受全世界厨艺爱好者们的喜爱。

中国古代就有集儒家、道家、阴阳五行说为一体的程朱理学，这也说明集万家之大于一身是可行的。以一种东西为主体，辅之以别家之长，定会收获不一样的效果。

总的来说，集万家之长即"1+1>2"的原理，是将不同的功效集于一身，发挥出远大于单纯的"1+1=2"的能效，取长补短，使各工具发生有机结合，将利用效率最大化。

（三）旁征博引创造法应用要领

① 考虑多个不同事物的共性和结合的可能性，但需注意不能随意结合。例如用发电机和电动机制造永动机的想法就违反了能量守恒定律；② 要大胆创新，要努力发现万物之间存在的联系，大胆猜测，理智判断。

三、轻松发明思想

（一）发明家的思维模式

发明家要做勇者和智者，在事实基础上猜测，并严谨地验证猜想的正确与否；要理智思考，不可主观臆断，应判断偶然性与必然性，并多次重复验证。

（二）发明家的行为模式

实践出真知，将可能的推测付诸现实。在排除了先入为主的固化观念后，还要置身于已有理论之外，从不同方向质疑理论，直到理论坚不可摧为止。

（三）参赛者的发明梦想

作为一个高中生，学习压力大，夏天的学习环境尤为重要。我想制作一个又可扇风又可减压的电风扇。可是充电风扇的使用时长有限，手摇扇又太累人，于是我在增大做功效率上做文章，借鉴自行车和磁悬浮列车的设计，我大胆设想出一个节能省力的多功能风扇。

（四）罗老师点评

沈益栋同学的发明的对象是十分常见电风扇。他为如何将普通的产品设计成新颖的发明创造做了一个很好的示范。其贡献是引入了磁悬浮的原理，极大地降低了电机的噪声，还添加了音乐装置，增加了电风扇的新功能。

希望你在设计时还能考虑更多的应用场景，包括医院、学校、幼儿园、各种交通工具等。这样会产生更多更新的发明创造。

发明的开始，也是创新模式的开启。凡是发明创造者，必是具有较强的创新能力。每个人都能为发明创造贡献力量，包括设计新产品，应用新技术，发现新问题，等等。

案例50

旋转式太阳能隔间式可移动书房

徐志欣

> 旋转式太阳能隔间式可移动书房由徐志欣同学发明。徐志欣同学荣获第 15 届中国青少年创造力大赛银奖（参赛编号 20191004），参赛时就读于江苏省盐城市亭湖高级中学，现就读于南京航空航天大学金城学院翻译专业。发明指导教师：罗凡华。

一、轻松发明方案

（一）发明名称：旋转式太阳能隔间式可移动书房

（二）发明方案附图

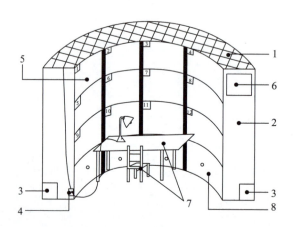

（三）发明方案附图各组成部分说明

各组成部分名称：1. 太阳能板；2. 可折叠式骨架；3. 滚轮储放处；4. 光电能转化器；5. 可移动书箱阁；6. 公示处；7. 可折叠桌椅；8. 书架存物处。

补充说明：

问：为什么发明这个设计？

答：人们出门在外，会对外面的环境有所不适应。此发明可随时随地使用，可给使用者很强的安全感。其太阳能板的设计也响应了"节约环保"的号召，可折叠的功能和书本环绕的设计，更能赢得使用者的喜爱。

它的滚轮设计更是提高了各个年龄段人群使用的可能性。

问：为什么想到这个发明？

答：本人在出门旅行中，多次想在夜深人静时，在宾馆写一些日记，但由于对陌生环境的不适应，无法静心写作，故而想到这个发明。

问：此发明为人们所接受的理由是什么？

答：首先，它方便携带；其次，它并没用到太过高深的技术，也不难操作，其成本不高，价格是大众可以接受的。正如狄更斯所言"这是一个最好的时代"，我们在这个时代发展的潮流中，通过发明创造可以获得我们想要的幸福生活。

二、轻松发明方法

（一）创造法名称：关注生活创造法

（二）关注生活创造法原理

生活的残缺就是创造新事物的起点，当生活的残缺使你不能忍受，迫使你关注它，进而思考如何解决它的时候，你就获得了关注生活创造法的理念，即从生活小事出发打造新事物。

（三）关注生活创造法应用要领

好的灵感定是从生活中来。如若你不关注生活，那就找不到生活的痛点，也不会想办法创造新东西来改变它。通过关注生活，让自己与生活紧密相连，去寻找隐藏于深处的不易绽放的光亮。

三、轻松发明思想

（一）发明家的思维模式

顾城曾说"花开如火，也如寂寞"。现如今爆炸式的信息使整个社会如篝火般热闹，但它的背后却是定会被时间淘汰的寂寞。而书籍不一样，它是古今智者能人经过岁月的洗礼留下的思想精华。此设计就是想让人多看书，在喧嚣的世界中保持内心的平静，成就最美的自己。

（二）发明家的行为模式

太阳能板应选用质地轻的材料，而可折叠书架也选用轻质但坚硬的金属材料，以便于携带且能承受书本的重量。桌子和凳子要设计成可以折叠入架的大小。此设计还应配一个抗震包装箱，以防在运输中书架受到损坏。

（三）参赛者的发明梦想

在未来，我期待凭借我的发明设计敲开大型公司的大门，让我有更充足的资源来进行新的设计，更大程度地简单化自己和他人生活中的冗余，使这个时代变得更加美好而富有生机。

（四）罗老师点评

一件事也许会引发人们的很多思考，而对于发明者而言，凭借其对发明创造规律的掌握，这种思考就可能激发发明创造的方案。

徐志欣同学因为喜欢写作与阅读，所以发明了一个可以移动的书房，其中应用了先进的太阳能技术，并且详细说明了这个发明创造的具体结构与功能，这是一个成功的发明创造。

该同学还可以继续思考如何改进，比如加上防震、防火、防雷电等功能，以及远程控制技术的应用。

发明者进行发明创造时，考虑问题深入浅出，设计图纸认真负责，实现了新的发明创造。随着发明者技术知识的扩展，阅历的积累，他还会提出更加新奇的发明创造构想。

案例 51

火车集水净化器

彭语帆

火车集水净化器由彭语帆同学发明。彭语帆同学荣获第 15 届中国青少年创造力大赛银奖（参赛编号 201918429），参赛时就读于江西省赣州市第三中学，现就读于江西财经大学金融类专业。发明指导教师：罗凡华。

一、轻松发明方案

（一）发明名称：火车集水净化器

（二）发明方案附图

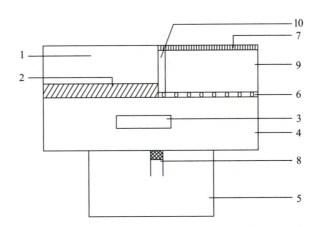

（三）发明方案附图各组成部分说明

各组成部分名称：1. 废弃液体接收装置；2. 可更换式不溶物滤膜；3. 恒定蒸馏热源；4. 蒸馏室；5. 废弃液体收集室；6. 气体交换膜；7. 冷却面板；8. 废气液体自动传感开关；9. 集水室；10. 水位显示器。

作业流程：废弃液体（如方便面汤、洗手水等）可由 1 注入，经由 2 过滤后在 4 中蒸馏分离，实现水与污物分离，水蒸气由 6 进入 9 在 7 处冷却存于 9 中，但不会又从 6 渗出，从而达到集水目的；同时 8 可分离水中的液体污物，污物进入 5 中，5 可定期更换。

补充说明：此装置的集水室可连接火车上的热水器，实现自动注水。

废弃液体的沸点高于水，由恒定蒸馏热源供温 100℃。

二、轻松发明方法

（一）创造法名称：应需循环创造法

（二）应需循环创造法原理

在日常生活中发现亟待解决的供应方面的问题，并从就地取材、绿色环保、循环利用的出发点进行发明创造，解决需要。

（三）应需循环创造法的应用要领

结合当地急需情况，有效利用当地的可循环"废物""废料"，从环保与循环利用的角度出发，通过"化归思想"创造出更具适应性的新产品。

三、轻松发明思想

（一）发明家的思维模式

思考科技在生活应用中存在的漏洞，从漏洞中寻求解决思路；制作可使人们生活更加便利的实用新型产品。

（二）发明家的行为模式

善于思考，发现生活中存在的问题，从问题的根源寻找发明的突破口。在发明中遇到困难时不断思考，永不言弃，并向身边的人询问意见，向有学识的人请教理论知识，并将这些应用于发明创造的过程中。

（三）参赛者的发明梦想

不断拓展人们的生活广度，真正将发明的思想与产品的社会主义核心价值观融合，从根源上解决人类社会可持续发展面临的问题。

（四）罗老师点评

彭语帆同学发明了火车集水净化器，解决了火车水资源循环利用的问题。他简述了污水流经集水净化器后转化为净水的整个过程，包括过滤、蒸馏、冷却集水过程，并精心设计了在冷却面板上冷却收集干净的蒸馏水的环节，避免了二次污染。

　　本发明涉及的技术很先进，创意很新颖，建议发明者继续深入研究工业净水过程与家庭净水过程的不同之处，提升现有净水效率。

　　本发明结构特征基本具备了新颖性的要求，但是缺乏定量的说明，有待改进。新颖性是两个以上发明创造方案进行比较的结果。由于方框图式结构的描述，容易产生雷同的结构，因此建议彭语帆同学在进行发明创造方案的图纸绘制时，尽量将结构的大小、尺寸、体积、长度、容积等进行定量标识与说明，这样才能更好地体现其与众不同之处。

案例 52

自动升降式避人感光型花架

陈一歌

自动升降式避人感光型花架由陈一歌同学发明。陈一歌同学荣获第 15 届中国青少年创造力大赛银奖（参赛编号 201906063），参赛时就读于辽宁省大连经济技术开发区第一中学，现就读于中国矿业大学（北京）建筑学专业。发明指导教师：罗凡华。

一、轻松发明方案

（一）发明名称：自动升降式避人感光型花架

（二）发明方案附图

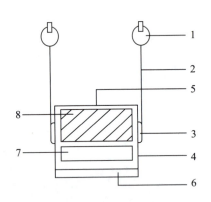
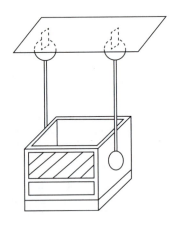

（三）发明方案附图各组成部分说明

各组成部分名称：1. 可悬挂式滑轮；2. 坚韧橡胶绳；3. 外附式固定圆板；4. 可发射 α 射线的花架壁；5. 放花盆空间；6. 海绵垫；7. 遥控感应区域；8. 感光板。

补充说明：感光板朝向有光区域，当光线充足时，滑轮上的橡胶绳自动下放。为防止花架与地面发生碰撞，损伤地面及花架，花架底端设有海绵垫。当光线不足时，橡胶绳缠绕滑轮（橡胶绳底端与花盆外附的圆板固定），花架上升，使花架中植物进行光合作用的强度增大，光照越强，绳子伸得越长，直至花架落地。花盆其余三面外壁可发射 α 射线。α 射线穿透能力弱，当有人经过放置花架区域时（人距花盆小于等于半米时），外壁可感应，使花架自动上升，避免人与花架的碰撞。如植物需浇水、修剪枝叶等，可使用遥控控制器，按一下，花架落地，再按一下，则花架恢复至由感光器、滑轮、绳、可发射 α 射线的外壁所共同调节的花盆高度。

二、轻松发明方法

（一）创造法名称：实用经济创造法

（二）实用经济创造法原理

利用高科技组件，将日常物品改造得更加实用，不仅实现物尽其用，还可使改造完的物品更易使用。

（三）实用经济创造法应用要领

① 善于发现生活中常用物品的不足之处；② 积极思考的同时，将高科技产品融入日常用品的改造中。

三、轻松发明思想

（一）发明家的思维模式

因一天中光照强度随时变化，固定放置的植物往往无法高效地利用光照。若利用感光板调整植物放置位置，可使植物最大地利用光能合成有机物。此外，考虑到浇水，防撞等需求，设置了遥控与感应装置。

（二）发明家的行为模式

先制作出三面可发射出 α 射线的花架壁及两面木质板，拼接成一个无盖长方体花架，焊接固定圆板于两个可发出射线的、相对的两个外壁上。在两圆板上固定橡胶绳，将两绳接于可悬挂滑轮上。滑轮可固定在天花板上。

（三）参赛者的发明梦想

我的发明理想是利用自己丰富的想象力和现代发达的科技力量，发明出使人们的生活方式更加简便的物品。

（四）罗老师点评

陈一歌同学发明的自动升降式避人感光型花架，大胆应用了感应器和可发射 α 射线的装置，并将静态的花架设计成可以自动升降的花架，其设计理念也十分先进。改变即创新，创新可以是将固定的物品设计成变化的、移动的、遥控的。

一个伟大的改变即创新的案例就是手机，将固定电话改变成可以移动的电话。经过短短几十年的发展，如今的手机已经演变成一个移动智能综合体。

每一个发明创造就是一个进步，也许每次的进步只有一点点，但不积小流，无以成江海，每一个发明创造都十分关键。

案例53

新型智能时间规划效率书桌

贾俊泽

新型智能时间规划效率书桌由贾俊泽同学发明。贾俊泽同学荣获第15届中国青少年创造力大赛金奖（参赛编号201906077），参赛时就读于辽宁省大连市第八中学，现就读于北京科技大学采矿类专业。发明指导教师：罗凡华。

一、轻松发明方案

（一）发明名称：新型智能时间规划效率书桌

（二）发明方案附图

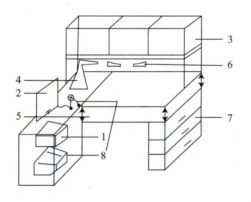

（三）发明方案附图各组成部分说明

各组成部分名称：1.控制手机智能锁；2.控制手机智能锁电脑传感器；3.防掉落后倾斜书架；4.明暗色温智能可调灯；5.可升降桌面；6.透明书夹；7.多功能抽屉；8.打印机、耳机。

补充说明：本设计将电脑与手机锁相连。电脑可通过学生配戴的专业降噪耳机来播放舒缓音乐以免学生被外界干扰，并通过内置传感器等技术，了解学生学习状态与学习效率，并可由家长通过智能锁规定学生学习时间与休息时间，控制手机的开合状态。书桌自带可拆卸台灯，通过室内光线智能调节学习时灯光明暗色温等，学生的午睡休息时间可通过电脑定时，并确定何时将学生叫醒，透明书夹避免了查看资料书页翻动的不便。后倾斜分格书架可以防止高空书册掉落砸头的危险，分格能帮助学生分类整理。可升降桌面充分考虑不同身高学生的舒适程度，台灯自带电风扇。

二、轻松发明方法

（一）创造法名称：组合思维创造法

（二）组合思维创造法原理

面对一件产品，人们会不由自主地产生许多创造性的想法。将不同功能的产品结合，会产生新的效果，达到"1+1>2"，例如潜水镜无度数，而正常眼镜不能用于潜水，则可将二者组合，发明出具有度数的潜水眼镜。因此，合理的创新组合会产生许多便民的发明。

（三）组合思维创造法应用要领

对于一件事物，发散性的创造思维最为重要，将"原来可以这样"的事物进行"如果这么做"的改造，达成"竟然可以有如此效果"的目的，获得多功能、多维度的方便人们生活的发明。我们可以大胆地进行假设，尝试画出思维导图和设计方案，若有条件，还可动手做小发明。

三、轻松发明思想

（一）发明家的思维模式

发明家在看待已有的事物时，产生的发散性思维尤为可贵。他们会基于基础的生活用品，产生诸多灵感，或者尝试将毫不相干的两件事物进行功能组合，看看是否会产生意想不到的效果。发明家应从实际出发，用细致的观察力，留意生活中不如意的设计，并重新进行组合与改进。

（二）发明家的行为模式

每当发明家有新奇的灵感时，不能任其白白溜走，应及时记录，汇集灵感，利用组合思维创造法的原理来设计方案。发明家在设计时应考虑全面，不仅要新颖、多功能，更要考虑现有技术可否将设计变成现实，同时还要多从便民、利民的角度进行设计。

（三）参赛者的发明梦想

我想发明新型智能化效率书桌。因现在手机进校园的现象很普遍，同学们在学习中三心二意的情况数不胜数。我发明的书桌具有锁手机的功能，通过传感器记录学习时间，评估学习效率。当完成一定任务量的学习后，可解锁手机，书桌同时配备闹钟、智能学习电脑等，以帮助使用者有计划地开展多元化的学习。

（四）罗老师点评

桌子是常见的用品，如何围绕桌子创造出一个具有新颖性的发明创造方案，这是需要我们积累一定的创新基因和灵感的。

本发明创造的特征是通过智能电脑控制和锁定手机来督促使用者提高学习效率，具有创意上的新颖性，并设计了智能自动调节的学习灯、闹钟、透明书挡、防书本掉落的倾斜分格书架、可升降桌面等功能。

本发明创造应用到的技术基本上是现有技术，具备了实用性，时代感很强。在40多年前，因为没有智能手机，锁手机的功能也就没有必要。而在未来几十年间，手机也许会消亡，也可能有了新的替代品。手机的产生是发明家的贡献，手机的消亡也必定是发明家创新的结果，因为一定是有了更好的替代产品。

案例54

多功能嗅觉交换器

刘星辰

多功能嗅觉交换器由刘星辰同学发明。刘星辰同学荣获第 15 届中国青少年创造力大赛银奖(参赛编号 201906101),参赛时就读于辽宁省沈阳市第一二〇中学,现就读于沈阳工业大学材料成型及控制工程专业。发明指导教师:罗凡华。

一、轻松发明方案

(一)发明名称:多功能嗅觉交互器

(二)发明方案附图

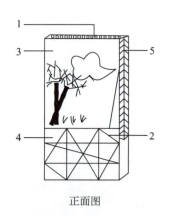

正面图　　　　　　　　背面图

(三)发明方案附图各组成部分说明

各组成部分名称:1. 气味采集器;2. 气味产生器;3. 影像显示屏;4. 保护壳;5. 信号交流模块;6. 影像全息采集与投影器;7. 机体稳定线;8. 流线型人体工学机身。

补充说明:组成 1 通过 12 个精密气体气味检测孔收集并分析气味元素组成。组成 2 使用 28 个不同气体气味源,同时释放混合气体,再现当时记录的气体或收到的信息气体气味。组成 3 通过 4k 超清显示屏,再现记录时的美好场景。组成 4 保护气味产生器,防止被污染与损坏。组成 5 可以与所有拥有"多功能嗅觉交互器"的人进行气味信息交流。组成 6 可以 360 度扫描并记录周围场景,也可以投出全息影像,真实立体地展现信息源内的氛围。组成 7 保持机体稳定，在投影过程中快速散热。组成 8 拥有流线型人体工学机身，方便使用者握持。

二、轻松发明方法

（一）创造法名称：感官结合创造法

（二）感官结合创造法原理

人感触外界有多种方法。根据生活所需，可以触感为源头，思考如何来充分调动并满足使用者的相应感知，这就是感官结合创造法。从触感入手，满足人们生活所需，在细微之中创新，推动生活品质的提高。

（三）感官结合创造法应用要领

① 要充分了解人们的生活所需，细致地观察生活细节；② 要能想到人在感知与交流需求方面有什么空缺，以及针对这些空缺的弥补方法，发明者要致力于提升人们的生活品质，创造出新的产品。

三、轻松发明思想

（一）发明家的思维模式

发明家应拥有一颗细致的心，用心去品味生活，找到当前产品功能的欠缺，思考相应的解决办法，并在生活中寻找答案。

（二）发明家的行为模式

发明家如艺术家般品味生活，如批评家般挑剔生活，并从中找到生活的美好，洞察当前生活的不足。只有对于生活充满热情，以进取的思维来对待生活，才能发明符合生活需求的产品。

（三）参赛者的发明梦想

希望以我个人的微小力量，给更多更有能力的人以启发，使我们的生活更加美好，让人们更加幸福。

（四）罗老师点评

发明创造首先需要入木三分地讨论问题。人们通常用音频、视频、图片、文字来记录美好的场景，但人的感官不仅仅有眼睛和耳朵，气味也同样是一种重要的记忆对象。从这点出发，刘星辰同学设计了这种多功能嗅觉交互器，能够伴随着使用者的嗅觉感应，记录或投影出当时的场景，带给使用者沉浸式体验。

该发明构思十分巧妙，充分考虑人体工学特性，设计了流线型、方便握持的机身。但需要注意的是气味的组成是千变万化的，仅靠28个不同气味源是很难组合并再现每一种气味的。此外，既然已集成了图像和气味，刘同学何不在原有设计的基础上再加入声音系统呢？

刘星辰同学的发明创造值得点赞，设计很有创意。虽然发明创造的标准只有新颖性、创造性和实用性三条，但是，全世界的发明创造都是由人发明的，也是由人评判的。我们主张发明创造者要对自己的发明创造有信心，对自己的产品设计要有高度的自我认同。

希望刘星辰同学在今后的学习中继续保持创新精神，设计更多更好的科技发明作品。

案例 55

自测身体健康养生杯

路玥滢

自测身体健康养生杯由路玥滢同学发明。路玥滢同学荣获第 15 届中国青少年创造力大赛金奖（参赛编号 201906109），参赛时就读于辽宁省鞍山市第一中学，现就读于上海财经大学统计学专业。发明指导教师：罗凡华。

一、轻松发明方案

（一）发明名称：自测身体健康养生杯

（二）发明方案附图

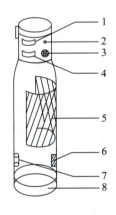 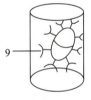

（三）发明方案附图各组成部分说明

各组成部分名称：1. 杯内液体温度显示器；2. 可改变杯体颜色的按钮；3. 语音播报装置；4. 体表温度显示器；5. 掌纹感受提取膜；6.USB 接口；7. 小型机器人储存投放装置；8. 加热制冷装置；9. 抗原结合装置。

补充说明：组成 7 内含有多个小型机器人。组成 1 可实时显示当时杯内液体的温度，若过热，可使用制冷装置降温至适宜温度，若过凉，则可通过加热装置达到同样的效果。组成 5 可在喝水者拿起杯体时感受并提取其指纹及掌纹，大致判断其生理状况，也可以检测其手掌的温度，并在组成 4 中显示出来。组成 6 可用于充电。组成 7 内的小型机器人随水一起被喝进人体中，组成 9 为抗原结合装置，可通过结合抗原和识别抗原来判断使用者体内含有哪些病毒等，检测结果可以通过组成 4 进行播报。

二、轻松发明方法

（一）创造法名称：查缺补漏创造法

（二）查缺补漏创造法原理

生活中现有的产品仍有许多不足之处，也还有很多未知的方面未被探索。就像学习一样，我们总能找到不足之处。发明创造是为了让生活更舒适，查缺补漏创造法就是要在生活中细致观察，在看似完美的表象下查找缺漏之处，进而提出改进的方法。

（三）查缺补漏创造法应用要领

① 从已有产品实际应用过程中找到还可以更方便的地方；② 从人们熟视无睹的领域入手进行发明设计，使人们的生活更便利；③ 把"应该使用这种产品"的观念改为"我还可以设计出更好的产品来替代它"，不断拓展思维，拓宽想象，从多元角度来发现新的原理和方向，创造新的事物。

三、轻松发明思想

（一）发明家的思维模式

多数人在进行某一项操作时，总以固有思维思考，使用现有的产品来解决问题。而这往往十分局限。发明家对待问题时则会从更多的角度思考，从不同的方面入手来进行研究。他们善于突破常规思维，以更活跃的思维与灵感形成发明构想，完成发明方案。

（二）发明家的行为模式

发明家的行为常常出人意料，但又不乏道理。其实很多发明都是在偶然中产生的。发明家还善于观察事物，对生活细节十分敏感。杀菌护叶的波尔多液的产生就是来自于一位植物学家的一次偶然发现。

（三）参赛者的发明梦想

从小时候刚接触图书时，我就常读到科学家们的发明故事，一直以来都拥有一个发明的梦想，也渴望有一天自己的发明会改造整个世界。长大后，阅读作家刘慈欣撰写的《三体》时，我被未来的世界所震撼，同时也更加坚定自己将来成为一名科学家的目标，去发明出造福全人类的东西。

（四）罗老师点评

发明创造的任务就是解决一些具体问题，而问题本身就来源于人们对生活的不同需求。这就需要发明者创造出一个新技术，来满足一个具体的需求。

随着社会的发展，生活压力不断增加，很多人的生活作息不规律，患上各种疾病的患者也越来越年轻化。定期体检，关注自身身体健康状况，再也不能只停留在口号上。但体检费用昂贵、流程烦琐，往往需要请假并影响正常工作，这使得患者的疾病隐患被一拖再拖。路玥滢同学设计的这款自测身体健康养生杯正好可以解决以上问题。除了杯子基本的温控饮水功能外，还集成了小型机器人，通过结合抗原来判断体内有哪些病毒。美中不足的是该方案设计不够细致，比如没有说明通过什么方式改变杯体的颜色，杯内温度的控制系统缺少温度高低设定的按钮，缺少控制释放小型机器人的系统（否则每次喝水都会释放机器人进入人体，体检的频率需远远低于喝水频率），没有说明机器人进入人体完成任务后如何排出体外等问题。

路玥滢同学的发明构思巧妙，与生活需求紧密结合。此设计方案的确能使人们在日常生活中便利地监测自身的健康状况。希望路同学保持这种创新精神，不断探索、进步。

案例56

自感式智能控温悬浮压缩烘干旅行箱

邹知含

自感式智能控温悬浮压缩烘干旅行箱由邹知含同学发明。邹知含同学荣获第 15 届中国青少年创造力大赛金奖（参赛编号 201906176），参赛时就读于辽宁省沈阳市同泽高级中学，现就读于东北林业大学城乡规划专业。发明指导教师：罗凡华。

一、轻松发明方案

（一）发明名称：自感式智能控温悬浮压缩烘干旅行箱

（二）发明方案附图

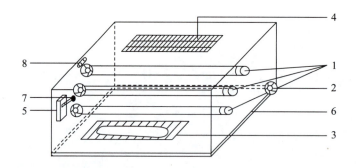

（三）发明方案附图各组成部分说明

各组成部分名称：1. 可伸缩衣物压缩卷筒；2. 自动真空抽气旋钮；3. 高能效智能磁铁；4. 自感控温烘干机；5. 箱内温度显示器；6. 抑菌隔板；7. 提醒提示灯；8. 智能人脸识别双摄。

补充说明：该设备的功能包括自动压缩衣物、自动烘干衣物、自动控温、除菌抑菌、可悬浮移动、创造真空条件、显示温度、识别人脸等多种功能。只需将未晾干的潮湿衣物全部放在伸缩杆上，启动装置之后，伸缩杆就可以自动压缩衣物，并将其烘干。抑菌隔层和真空装置可以保证衣物的干净，烘干后采用内外空气循环技术，减少热量聚集，减少耗电量。摄像头可进行人脸识别，无须手动开箱。箱体内部设有温度显示器，可避免危险和烫伤。

该设备还有多处手动控制装置，可以随时开始或停止内部操作，下部设置磁悬浮，通过磁力感应可以在机场拉运履带上悬浮，减少箱体受到的摩擦和颠簸。一只箱子可以解决衣物除菌、烘干、防潮防摔等多种问题，实现时间和空间的高效利用。

二、轻松发明方法

（一）创造法名称：时空资源创造法

（二）时空资源创造法原理

时空资源也许不能再造，但却可以压缩使用空间提高时间利用效率。在资源有限的情况下，压缩就是一种再造。例如世界上第一台计算机，占地达一个房间之大，而现在的计算机可小到手中的一块平板。该创造法的原理正是通过一系列的技术手段将事物化繁为简，把更多的资源用于更高精尖的领域，同时也节省了个人的时间成本。

（三）时空资源创造法应用要领

① 试图厘清日常生活中占据过多时间的无用事物和占用过多空间的智能化较低的器械；② 善于精炼和压缩，提高时间和空间资源的利用率；③ 科技需要组合，用极简的设备最大化地完成相关领域中最大、最多的问题；④ 时间、空间和能量一样，需要多级利用、减少浪费。

三、轻松发明思想

（一）发明家的思维模式

在汽车出现之前，人们只想寻找一匹更好的马。科学研究与发明首先就是要敢想、敢实践，要把不可能变为可能。做事一定要循规蹈矩吗？难道就不能在一块极小的空间更快地完成一系列烦琐的事务？

（二）发明家的行为模式

关注时间和空间浪费的问题，高效利用时间与空间，着眼于长远和实用，运用智能手段，打造集多种功能于一体的实用、高效的设备，在解决所提出的问题后，再思考能否解决相关的一系列问题，并在一定空间内完成，做到空间利用率的大幅提升。

（三）参赛者的发明梦想

旅行时，我经常会遇到衣物还没晾干就不得不装入箱子的窘况，等到达地点之后，又得重新晾晒，因此我想发明一个可以集晾晒、烘干于一体的旅行箱，并且可以自动盘卷压缩衣物，这样不仅节约了时间，还可以高效利用空间。

（四）罗老师点评

发明创造需要我们热爱生活，并解决生活中的各种问题。因此，发明创造者越多越好，人类进步就越快越好。

旅行箱是我们出差或旅行必备的工具，可以如何改进它？邹知含同学通过对生活的细心观察，发现有时候因为行程紧张，衣物没有晾干就得放进箱内带走，也发现箱内空间总是不够用，于是设计了这种自感式智能控温悬浮压缩烘干旅行箱来解决上述问题。

此外，邹同学还考虑到机场行李运输履带经常造成旅行箱之间的磕碰磨损，专门设计基于磁悬浮原理使箱体悬浮起来的功能，以避免不必要的碰撞。在该方案的设计中，需要注意的是旅行箱空间的充分利用。此外建议在箱内设计干湿分离装置，单独对潮湿衣物烘干，从而避免影响其他干燥的衣物。

该方案设计丰富了普通旅行箱的功能，给人们出行带来了便利，体现了邹知含同学希望通过发明创造解决生活难题的精神，是非常值得肯定的。希望邹同学能在大学中继续保持创新精神，做出一番成绩。

案例 57

新材料多功能珍稀树苗保护棚

于景泽

新材料多功能珍稀树苗保护棚由于景泽同学发明。于景泽同学荣获第 15 届中国青少年创造力大赛金奖（参赛编号 201906160），参赛时就读于辽宁省大连市育明高级中学，现就读于大连理工大学盘锦校区海洋技术专业。发明指导教师：罗凡华。

一、轻松发明方案

（一）发明名称：新材料多功能珍稀树苗保护棚

（二）发明方案附图

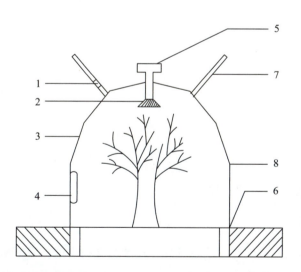

（三）发明方案附图各组成部分说明

各组成部分名称：1.雨水收集板（外）；2.喷洒装置；3.可调透明度新材料棚体；4.温湿度监测仪；5.雨水净化装置；6.害虫监控仪；7.太阳能电池板（内）；8.可伸缩侧壁。

补充说明：可通过棚体透明度的变换，调节棚内光照强度，达到该植物所需的适宜光照，起到促进生长的作用，同时利用新材料进行隔热。雨水收集板储蓄雨水，雨水经净化后给土壤及植物提供所需水分，且板体由太阳能电池板构成,可转化太阳能,为全套装置供给电能,若能量或水分不足时可由外界补充。侧壁可根据幼苗长势变宽或变高,但栽种前须为幼苗根系生长预留足够的土壤空间。若净化雨水及吸收能量超过装置所需,便可储存于侧部阴影区,供工作人员取用。

二、轻松发明方法

(一)创造法名称:类比推理创造法

(二)类比推理创造法原理

世界上许多事物之间都有共性与特异性。新事物就是赋予旧事物特异性。德布罗意由波粒二象性联想至物质是否同样具有波动性,从而推理并解释物质波存在的可能性。类比推理法的原理即通过已有发明所针对的对象,去寻找与该对象有共性的事物,并根据该事物进行新的发明创造。

(三)类比推理创造法应用要领

① 设法寻找与已有物品具有相似性的另一类物品,并对已有物品上的发明进行新的创造,以适应另一类物品;② 将发明创造所针对事物的特点进行列举,寻找与之相似的事物,相似的事物也必然有其自身的特异性,便可从此处发掘创新点并加以改进或改变。

三、轻松发明思想

(一)发明家的思维模式

发明家应具备逆向思维能力,发明一项事物前要明确的目的与用途,从答案探寻发明的方向,通过目的与用途产生发明构想,从而完成发明方案。

(二)发明家的行为模式

发明家应像哲学家一样探究目的。目的是发明存在的意义与价值,发明家应秉承合理性的理念,于生活中观察并思考自己的发明是否有价值,也应该从社会角度思考或研究自己的发明是否会带来危害。这些都需要发明家进行一定的实验与考察,以确定自己的发明合理且有价值。

(三)参赛者的发明梦想

我想发明一种新型材料的衣物,将人体每天挥发的热能转化成电能并储存起来,同时可随时将电能导出并加以利用,天气寒冷时可以适当地将电能转化为热能,以达到人体保暖的效果。

（四）罗老师点评

于景泽同学以保护珍稀树苗为出发点，设计了这种新材料多功能珍稀树苗保护棚。该发明充分考虑到植物生长需要的水、阳光、温度和生长空间，提高了珍稀树苗的存活率。在细节方面，于景泽同学能够考虑到如何充分利用自然环境中的雨水与阳光，在自给自足的情况下，还能将雨水与太阳能存储起来使用。需要注意的是雨水收集板、太阳能电池板的大小和透明度可能会影响植物接收光照；不同珍稀树苗的生长习性不同，对温湿度、光照时长的要求亦不同，因此建议在保护棚上集成智能芯片，联网存储珍稀树苗生长的相关资料，同时也可以将树苗的生长状况及时记录下来，并通过网络传输给监测人员，实现远程监控。

于景泽同学的发明创造虽然是一项具体的发明创造设计，但是，这对于珍稀植物的保护具有重大意义，甚至可能产生引领效应。希望于同学能在未来将这一想法成功运用到实践中，保护自然，造福人类。

案例58

便携式多功能自动充电智能鼠标

乔汶楷

便携式多功能自动充电智能鼠标由乔汶楷同学发明。乔汶楷同学荣获第 15 届中国青少年创造力大赛银奖（参赛编号 201906124），参赛时就读于辽宁省大连市育明高级中学，现就读于加拿大多伦多大学计算机专业。发明指导教师：罗凡华。

一、轻松发明方案

（一）发明名称：便携式多功能自动充电智能鼠标

（二）发明方案附图

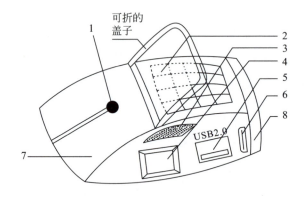

（三）发明方案附图各组成部分说明

各组成部分名称：1. 红外线灯；2. 太阳能充电板；3. 握力敏感度自动调节器；4. 无线蓝牙；5. USB 端口；6. micro USB 端口；7. 鼠标键；8. 可拆卸移动硬盘。

补充说明：左右按键中间安装的红外线灯，用于在课堂等场合指向展示物。太阳能充电板可自动给鼠标充电，当打开上方盖子，将内部的太阳能充电板置于阳光下，即可实现充电。握力传感器可自动感受握力强度，调节鼠标灵敏度。该鼠标与正常鼠标相同，具有无线蓝牙功能。USB 端口设有两种不同型号端口，可作为移动充电宝对手机等电子设备进行充电。鼠标后方安有一个可拆卸的小型移动硬盘，可存储数据。

二、轻松发明方法

（一）创造法名称：多用合一创造法

（二）多用合一创造法原理

将多项功能集中于一个物品之上的方法叫多用合一创造法。我将多种功能赋予一个普通鼠标，让鼠标可以同时当作"红外线笔""充电宝""移动硬盘"来用，故而称之为"多用合一"。

（三）多用合一创造法应用要领

① 先找到一样需要加入新功能的物品；② 联想与这件物品有关的功能，不拘泥于物品本身已具有的；③ 在合理的情况下，大胆设计添加新功能的技术方法。

三、轻松发明思想

（一）发明家的思维模式

一件物品在平常人眼中往往只有一个用途。但是在发明家眼中，可以让一个看似普通的物品发挥出多个物品才能起到的作用。

（二）发明家的行为模式

发明家应首先具有对身边事物细致观察的能力，善于从平常事物中发现可以利用的点。其次，应具有天马行空的想象力，能大胆思考如何改进身边事物。再者，发明家也要有一定的知识积累来支撑发明构想。

（三）参赛者的发明梦想

我在生活中经常会与计算机打交道。我经常会想，如何可以只用一个鼠标就能完成目前市场上的鼠标所不能完成的一些事。于是，我想设计一个多用鼠标。

（四）罗老师点评

已有的发明创造成果，还可以继续关注，进一步改进。在信息化时代，我们越来越离不开电脑，与之密切相连的就是鼠标。小小的一个鼠标除了控制电脑之外，还能集成哪些功能呢？乔汶楷同学在他的发明方案中给出了一份可圈可点的答案。

除了无线蓝牙连接控制电脑的基本功能外，乔汶楷同学还设计了太阳能板自充电功能，解决了偶尔忘记给鼠标充电可能带来的烦恼；在不增大鼠标尺寸的前提下，还增设了太阳能板折叠结构；通过加装红外线灯和可拆卸硬盘，充分考虑了课堂或会议中使用的便捷性。建议乔汶楷同学后续在握力敏感度自动调节器方面改进一下。因为鼠标使用感最主要的区别除了外形大小之外，就是按键的键程和响应压力的不同，后续可以设计方便调节键程和压力的模块。

　　乔汶楷同学的发明创造给我们很多启示和示范。在选择发明创造对象时，可以先看看身边的物品，也许一项新的发明创意就在仔细观察中产生，也能将自己的奇思妙想变成现实。

案例59

多功能便携式节电低温手提包储存物照明两用灯

宋欣蔚

多功能便携式节电低温手提包储存物照明两用灯由宋欣蔚同学发明。宋欣蔚同学荣获第15届中国青少年创造力大赛金奖（参赛编号 201906129 ），参赛时就读于辽宁省大连市瓦房店市高级中学，现就读于重庆市西南大学软件工程专业。发明指导教师：罗凡华。

一、轻松发明方案

（一）发明名称：多功能便携式节电低温手提包储物照明两用灯

（二）发明方案附图

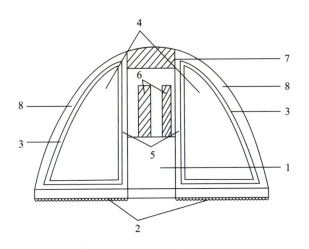

（三）发明方案附图各组成部分说明

各组成部分名称：1. 电池盒；2. 可粘贴布；3. 透明减震绒布；4. 储物空间；5. 玻璃板；6. 双色 LED 灯；7. 白色人感压力传感器；8. 可打开白色灯罩。

补充说明：电池盒内需装入两块五号电池，需将可粘贴布粘于手提包内壁，储物空间为装零钱或钥匙等小物件的区域。本发明的目的主要为节约空间，在手提包内部提供照明，并附带储物功能。减震绒布减少噪声，且为透明可逸光式，传感器与灯罩为白色目的是为透光和防刺眼。为了达到节能与低温要求，灯管为 LED 灯，玻璃板可保护双色 LED 灯管，可根据触碰人感压力传感器进行颜色、光照强度的调节。本发明自重较轻，占空间较小，便携，足以应对手提包内物品的分类存储与内部照明需求。

二、轻松发明方法

（一）创造法名称：便捷生活创造法

（二）便捷生活创造法原理

留心生活细节，发现不方便的环节，通过设计新方案对其进行改进，这一方法被称为便捷生活创造法。例如，在电影院观影时想从包里翻找纸巾，但四周一片漆黑，为了不影响他人观影，就需要包内有内置光源。这一需求引导和产生了相关发明。对生活细节加以留心和改进，使生活更加方便快捷，正是便捷生活创造法的初衷。

（三）便捷生活创造法应用要领

① 寻找生活中一些浪费时间的环节，并对其加以改善，使其耗时更少甚至一时多用；② 将未被人注意到的不便捷的功能重新加工处理，就有可能得到便利程度的改善，这也正是便捷生活创造法的应用目的；③ 无论是生活的何种现象，都可以加以改善，只要你可以想到。

三、轻松发明思想

（一）发明家的思维模式

对细节进行用心观察，对假想进行充分研讨，对可行性进行深入探究。如果没有细致观察以及发散式的联想思维，则很难进行发明创造。发明家的发明方案一定要具有切实改进与实用性。

（二）发明家的行为模式

贴近生活是发明家应该做的第一件事，因为灵感来自生活。如果连家门都不出，只是独自埋头冥思苦想，闭门造车做出来的东西容易与实际所需脱节。所以为了实现真的便民实用，发明家应该贴近生活，了解民生。

（三）参赛者的发明梦想

我一直希望自己能够在上课的时候，同时做到既记笔记，又听讲，但是由于笔速不够快，我很难做到边听边记。于是，我根据拼音、中文、英文与日文等一些语言特点，并夹杂着一些符号，自编了一套速写文库，不仅简单易懂，而且能极大提高书写速度和听课效率。希望将来我能设计一套可以真正实现听记同步的系统。

（四）罗老师点评

只要你关注生活细节，设法解决生活中存在的问题，发明创造就很容易产生。在光线不好时，怎么找手提包中的物品呢？除了借助手电筒，还可以考虑使用什么办法呢？

宋欣蔚同学发明创造的思路是，在提供基本照明功能的前提下，充分利用手提包内的有限空间。因此设计了这种两用灯，其不仅体积小，还可通过粘贴方式固定在包的内壁上；考虑到包内的散热不好的问题，给两用灯采用了发热不明显的灯管；还考虑到尖锐物品混在包中可能会相互造成划痕，在两用灯上留有一定的储物空间，可以存放钥匙等尖锐物品。

后续可以改进的地方是电池的选择方面。若仅仅是照明使用，在用电量不大的情况下可以考虑将 5 号电池换为纽扣电池或可充电的小型锂电池，这样能够进一步减小两用灯的体积与重量。

宋欣蔚同学考虑事情非常细心，能够着眼于生活小事，发明创造出这样一款多功能便携式节电低温手提包储存物照明两用灯，具有一定的创新精神。创新精神也是一种能力，一旦拥有，将与你长期相伴，对人生道路和事业发展起到积极的作用。

案例60

纳米自生式兼太阳能动能充电手机壳

李云鹏

> 纳米自生式兼太阳能动能充电手机壳由李云鹏同学发明。李云鹏同学荣获第 15 届中国青少年创造力大赛金奖（参赛编号 201906089），参赛时就读于辽宁省大连市第十六中学，现就读于辽宁大学亚澳商学院金融专业。发明指导教师：罗凡华。

一、轻松发明方案

（一）发明名称：纳米自生式兼太阳能动能充电手机壳

（二）发明方案附图

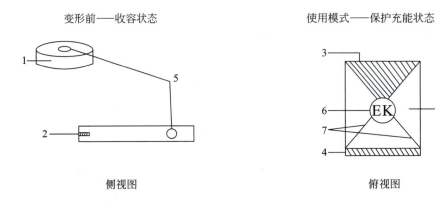

变形前——收容状态　　　　　使用模式——保护充能状态

侧视图　　　　　　　　　　　俯视图

（三）附图说明

各组成部分名称：1. 纳米机器人收纳盒；2. 充电接口连接器；3. 太阳能电池板；4. 碰撞传感器；5. 开启 / 关闭按钮；6. 动能转换装置；7. 良导体；8. 可变化涂料。

补充说明：纳米机器人收纳盒扁平，几乎不占空间。开启 / 关闭按钮采用生物指纹识别技术，避免因碰撞时发生误开启或误关闭。太阳能电池板可在白天日光照射下为手机充电，碰撞传感器则在手机受到碰撞（如掉落）时将信号及碰撞强度和振动强度传给动能转换装置，进而将其转换为电能。纳米机器人有自主修复能力，在普通情况下，小的损伤会被纳米机器人修复。纳米机器人还会将机主想要的颜色反映在手机壳背面（通过与手机内部相连获取所需信息）。

二、轻松发明方法

（一）创造法名称：想象叠加创造法

（二）想象叠加创造法原理

通过丰富的想象将两种（或多种）看似毫无关联的事物叠加在一起，创造出一种新型事物——通过对被发明对象的期望，从现有能满足期望的技术与事物中搜寻可利用物，并通过技术手段将它们联系在一起，从而满足发明者的愿望。

（三）想象叠加创造法应用要领

① 发明者必须有丰富的想象力，方能迅速地将头脑中的多个事物进行有机关联；② 只要能想到可以实现发明的方法，也就成功了大半；③ 这种创造法还需要发明者广泛地阅读材料，充实自己内心中的"例子"，这样才可以更深刻地掌握想象叠加创造法。

三、轻松发明思想

（一）发明家的思维模式

之所以被称为发明家，是因为他们的脑子中蕴含了不同于常人的思想。发明家的思维模式一般都能从眼前平常的小事中寻找到出发点，进而思考怎样优化事物的缺点，拓宽其优点，并运用娴熟的技术进行新事物的发明。

（二）发明家的行为模式

首先，要整理好自己的想法，明确具体要求。其次，大体将发明的思路和流程记录下来，然后进行探索和实验。第二步往往是发明成功路上最大的难点，因为这需要发明家有坚韧不拔的毅力和耐得住流汗的精神，经过不懈的努力终能成功发明出自己想象中的东西。

（三）参赛者的发明梦想

当我看到人们的手机被撞碎时，就会思考能用什么方法来保护手机。纳米材料既轻便，功能又丰富，硬度较大能保护手机。若是在这之上加入能量转换装置，使之不但保护手机还能给手机供能，那就再好不过了。我的理想就是发明出这种纳米材料。

（四）罗老师点评

手机集成技术快速发展，现如今手机携带方便，功能强大。在现代社会，随身携带的必需品除了身份证便是手机了。但是，在手机技术发展的过程中，电池研发的瓶颈极大地遏制了手机的发展。手机电池的体积占了手机的一半以上。手机的设计者在轻薄和续航能力方面难以二者兼顾，这造成大家在随身携带手机的同时，还要带着笨重的移动充电设备，这也给生活带来了不便。另外，尽管经过多年的迭代，智能手机的耐摔程度虽已有了显著提升，但仍难以抵抗影响美观的磕碰。

李云鹏同学的发明创造构思非常巧妙，这种纳米自生式兼太阳能动能充电手机壳解决了以上这些问题。该手机壳可以借助太阳能给手机充电，且对于磕碰造成的小损伤能实现自修复。

李云鹏同学不仅敢想，还勇于实践，他结合已有的科学知识去努力将发明创造变为现实，赋予这个发明无限的生命力。

案例 61

全自动手机贴膜贩卖机

刘则利

全自动手机贴膜贩卖机由刘则利同学发明。刘则利同学荣获第 15 届中国青少年创造力大赛金奖（参赛编号 201906107），参赛时就读于辽宁省大连市大连育明高级中学，现就读于首都经济贸易大学计算机科学与技术专业。发明指导教师：罗凡华。

一、轻松发明方案

（一）发明名称：全自动手机贴膜贩卖机

（二）发明方案附图

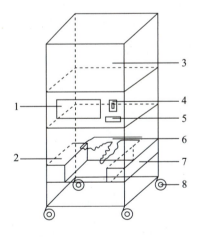

（三）发明方案附图各组成部分说明

各组成部分名称：1. 触屏式显示屏；2. 可伸缩固定器；3. 储物室；4. 硬币入口；5. 纸币入口；6. 机械爪；7. 可伸缩固定器；8. 滚轮。

补充说明：随着智能手机的兴起，手机贴膜成了一件必不可少的事情。人们抱怨去手机店贴膜太贵，而手机贴膜又是一件技术活，自己在操作时一不小心又容易贴偏。正是基于这样的初衷，我发明了"全自动手机贴膜贩卖机"。

　　与饮料自动贩卖机类似，该贩卖机上方为储物室，用来放置各种型号的手机膜。机器中部为一个触屏式显示屏，可以在上面选择自己的手机型号，以及支付方式。如若选择现金支付，可使用旁边的硬币、纸币入口。下方为自动贴膜装置。当支付成功后，装置两侧的可伸缩固定器会缓缓向中间移动，直至接触到手机，并固定手机。

　　然后装置上方的机械爪会进行屏幕清洗、去除灰尘、贴膜。当屏幕提示"贴膜成功"后，两侧可伸缩固定器缓缓恢复原位，机主即可取出手机。

二、轻松发明方法

（一）创造法名称：智能便民创造法

（二）智能便民创造法原理

　　随着人工智能的普及，一些高、精、尖的工作应渐渐由机器取代。智能机器的应用不仅可以避免物资浪费，提高工作精度，还可以节约人力成本和时间效率。让智能机器走近我们的生活，带来生活便利，将科技服务于百姓的思想发挥到极致正是智能便民创造法的原理！

（三）智能便民创造法应用要领

　　发现生活中那些人们需要完成的，又十分机械化的工作。通过智能操作系统和程序的设计，让智能的机械装置来取代人们的常规工作。例如，目前大部分机床工业、纺织业等均为机器流水线生产，其目的正是让生产成本、人力成本降至最低，真正实现智能便民。

三、轻松发明思想

（一）发明家的思维模式

　　发明家应该善于观察和思考，不应仅仅拘泥于已有产品的有限功能或定性思维，而应试着将其升级或用更科学的方法改造；也不要将思想仅仅停留在实验室阶段，因为服务于大众才是发明家最终的目的。

（二）发明家的行为模式

　　在设计一项适用于生活的发明时，发明家应全面地分析和思考。这包括但不限于：① 操作是否简捷，能让老百姓轻松上手使用吗？② 是否具有实用性，与传统工艺相比，其成本或质量是否都有较明显的优势？等等。这些都是发明家需要思考的。

（三）参赛者的发明梦想

随着智能手机的普及，手机贴膜成了必不可少的增值服务项目。老百姓抱怨去手机店贴膜太贵，手机店工作人员又抱怨贴膜成本高、利润低，而且耗时长。正是基于这样的现状，我发明了这样一个全自动手机贴膜贩卖机，来解决这个两难的问题。

（四）罗老师点评

每个人都有一个发明创造的梦想，如果学习发明创造的时间提前到学生时代，就有可能在学生时代就成为发明创造者。发明创造者更加关注高科技发展的细节，比如我们的生活越来越离不开智能手机了，为了保护手机屏幕，很多人会给手机贴膜。

面对这个现状，刘则利同学看准了这一有发展潜力的市场，设计出这样一台全自动手机贴膜贩卖机。它与食品贩卖机类似，通过现金或电子支付后，就可以自动给手机贴上已选择的手机膜，避免了买膜回去后自己贴不好的问题。

刘则利同学的设计已经很细心地涵盖了贩卖机的使用全过程，但需要注意的一个细节是硬币和纸币只有入口，缺少了找补零钱的出口。此外，整个设计最重要、也是最大的创新点是如何对手机进行贴膜。针对这一过程的设计方案，建议可以从以下两点进行思考：① 不同型号的手机尺寸大小不同，如何固定好手机，并使之在贴膜过程中不偏移；② 手机贴膜出现气泡的主要原因是空气中的灰尘干扰，如何在贩卖机中创建一个没有灰尘的环境，使贴膜效果更好？

刘则利同学作为一个小发明家，为社会做出了发明创造的贡献。本书收录这个发明创造，认可了这个发明创造的示范作用，希望它必将激励我们的读者朋友也参与到发明创造中来。也许下一个发明家就是你。

案例62

研 墨 钢 笔

刘显迪

研墨钢笔由刘显迪同学发明。刘显迪同学荣获第 14 届中国青少年创造力大赛银奖（参赛编号 201815519），参赛时就读于内蒙古赤峰市第四中学，现就读于天津商业大学宝石及材料工艺学专业。发明指导教师：罗凡华。

一、轻松发明方案

（一）发明名称：研墨钢笔

（二）发明方案附图

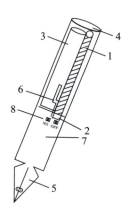

（三）发明方案附图各组成部分说明

各组成部分名称：1. 碳棒；2. 研磨器；3. 储墨器；4. 笔身；5. 笔尖；6. 连通器；7. 延伸器；8. 开关。

补充说明：增强钢笔的使用持久性，减少墨水过快用完的现象，使其可长时间持续使用。主要材料包括碳、铁、塑料（为环保可使用降解塑料）。其创新在于避免钢笔自带的墨汁用完后，无处加墨的困境，可随时给钢笔加墨。

二、轻松发明方法

（一）创造法名称：研墨创造法

（二）研墨创造法原理

随身携带笔是大部分现代人都有的习惯。可是当我们携带钢笔时，总会遇到钢笔很快就没有墨水的情况，这就很让人难过。于是，我思考着如何尽量避免这个问题的出现，如何让人们随身携带墨水呢？于是我有了研墨创造法的想法。

墨的研磨需要用到机械，墨研磨结束后需要容器能够将它装进去。那么，碳棒可以放在墨上或放在容器旁；研墨后可用连通器将它反压入墨囊中，使用时可以同时进行研墨或将开关打到关闭一侧，使书写更加流畅。

（三）研墨创造法应用要领

① 利用气压差原理，将已打磨好的液体反压入容器内；② 研墨时注意控制时间与用量，可以每次少研磨一些；③ 打开开关后，研磨时间不可过长，基本控制在 3 分钟左右，也可将碳棒换为别的固体颜料棒，例如彩色固体颜料棒等。

三、轻松发明思想

（一）发明家的思维模式

根据所观察到的现象，对给大家造成不便的问题或事物进行思考，思考相应的解决办法，以及如何让问题得以解决。

（二）发明家的行为模式

在观察到具体事物后，要有相应的想法，及时将想法写下来，并绘出事物设计图纸；接着根据相应部件，不断改进和完善自己所绘出的发明；等将想法落实到实际模型后，再进行进一步的改进。

（三）参赛者的发明梦想

想要发明一支可随身携带的钢笔，保证其在长时间使用过程中不会用完墨水，并且在碳棒用完后，可续加碳棒或更换碳棒，减少现在钢笔在换墨水后钢笔堵住的现象，增强实用性能。

（四）罗老师点评

每个领域都有发明创造的机会，每个发明创造领域都会产生新技术。刘显迪同学通过对生活的细心观察，发现在钢笔使用过程中灌注墨水是一件令人头疼的事。一方面液体的墨水容易洒溅，不方便携带，另一方面钢笔易出现堵塞，造成使用的不便。

　　为了解决这些问题，刘显迪同学设计了这样一种研磨钢笔，相比于液体墨水，固态碳棒更便于携带，但需注意的是，对碳棒进行研磨后还需考虑如何加注清水并使两者均匀混合，以确保在不堵塞钢笔的前提下进行书写。另外，由于市面上已经出现便携式可替换墨囊供使用，刘显迪同学需要进一步思考这一款研墨钢笔需要改进的地方，使之比可替换墨囊具有更大的优势。

　　刘显迪同学的发明创造涉及的是普通文具，但采用了较新的技术来解决核心的问题，类似这样新产品的设计，是一种很好的发明创造思路。

案例63

新型循环净水器

李思琦

新型循环净水器由李思琦同学发明。李思琦同学荣获第15届中国青少年创造力大赛金奖（参赛编号201915400），参赛时就读于山东省东营市广饶县第一中学，现就读于青岛大学医院检验技术专业。发明指导教师：罗凡华。

一、轻松发明方案

（一）发明名称：新型循环净水器

（二）发明方案附图

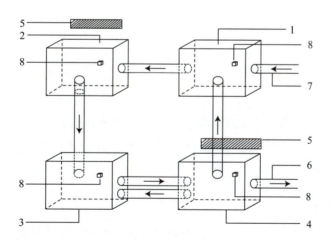

（三）发明方案附图各组成部分说明

各组成部分名称：1.厌氧池；2.第一曝气池；3.无氧池；4.第二曝气池；5.曝气器；6.进水口；7.出水口；8.计时器。

补充说明：通水管道内箭头所示方向为水流方向，通水管道内有动力设备及隔膜。为节约成本与占地面积，四个池子采用四边形构型的安置方式而非一字排开的构型。从第二曝气池中流出的水要经过严格的检测，判断是否可经出水口直接排放，抑或是排回厌氧池或无氧池。厌氧池与无氧池主要是对污水进行初步处理和对不溶性物质进行分解（如借助丙三醇分解污泥）。曝气器可以帮助曝气池中的水与好氧生物充分结合，提高净化效率。实际净化污水时要对污水在各池中的停留时间分别进行控制，故四个池子上的计时器只对所在设备计时。

二、轻松发明方法

（一）创造法名称：节约循环创造法

（二）节约循环创造法原理

节约循环创造法是针对生活中的废弃物提出的以最少的成本净化废弃物的方法。废弃物在净化体系中循环多次，降低净化成本的同时提高净化效率。如此对生活废弃物进行循环利用，既保护了环境，也节约了资源。

（三）节约循环创造法应用要领

① 要针对净化对象设计一套有效可行的净化流程；② 将整套流程首尾相连，使净化对象可以在体系中循环，被反复净化，从而达到降低净化成本，节约资源的双重目的。

三、轻松发明思想

（一）发明家的思维模式

首先，遇事要秉持好奇心，保有探求事物本源的热情与激情；其次，要善于观察生活，反思生活，不能忽视生活中的细节与所谓"定律"，不能被惯性思维所左右；最后，要有创新意识，探讨一题多解，寻找更多的思路与解决问题的办法。

（二）发明家的行为模式

发明家首先要具有较强的行动力，一旦有了想法就立即付出行动，决不拖延，因为只有这样才能抓住灵光一现的机遇。其次，要有较强的动手能力，能将头脑中的构思转化为设计图或模型。最后，发明家还要学会检验与反省，对新产品进行实际应用，从而找出不足之处并进行改进。

（三）参赛者的发明梦想

众所周知，我国水资源的人均占有量较低，净化污水，提高水资源的循环利用，乃是当务之急。我梦想发明出可以使污水净化程度达到百分之百，且其能耗是可以为当前人类发展所接受的净水设备，使水资源有一天可以实现"取之不尽，用之不竭"。

（四）罗老师点评

攻关型发明创造重在提升发明创造性能。面对全球水资源短缺问题，除了宣传贯彻节约用水意识之外，利用科学技术完善净水系统也是重中之重。李思琦同学的"新型循环净水器"发明方案就是希望能解决循环用水率的问题。

李思琦同学设计的净水器共分为四大部分，为了减少占地面积而将其都设计成为四边形的结构；净水原理采用的是化学分解杂质，配合好氧生物提高净化效率，最终要经过检测来判断是否再次进入净水循环或排出。从设计方案可以看出，李思琦同学查找并学习了很多净水方面的知识，这种严谨的科学精神是非常值得肯定的。美中不足的是净水器缺少了过滤杂质的环节。污水中的杂质是多种多样的，合理设计过滤环节对于提高净水效率的作用不容忽视。

李思琦同学的发明创造具有很强的创造性。创造性的重要标志是提升产品的性能或指标，这也是发明创造者追求的目标。

案例 64

纳米遥控手术机器人

吴逸扬

纳米遥控手术机器人由吴逸扬同学发明。吴逸扬同学荣获第 15 届中国青少年创造力大赛银奖（参赛编号 201901550），参赛时就读于山东省潍坊第一中学，现就读于宁波诺丁汉大学数学与应用数学 2+2 专业。发明指导教师：罗凡华。

一、轻松发明方案

（一）发明名称：纳米遥控手术机器人

（二）发明方案附图

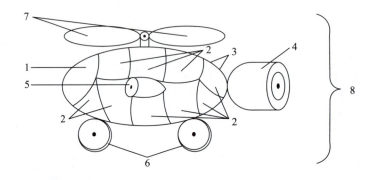

（三）发明方案附图各组成部分说明

各组成部分名称：1. 储药箱；2. 内置微型手术工具；3. 接收器；4. 传感器；5. 强激光灯；6. 可收放轮胎；7. 可收放螺旋桨；8. 高分子保护膜。

补充说明：储药箱有两类药物，分别是①探测性药物，主要包括具有专一性的抗体，可引领机器去到有病源的地区；②治疗性药物，主要包括去除病根的相关药物，系统可自行给出需要使用药物的建议（依据传感器提供的信息）。接收器主要用于接收外部工作人员的信息和指令。传感器包括温度传感器，以及可监测组织器官中各成分变化的传感器，用以判断病情。强激光灯可杀死有些癌细胞、病毒、细菌，以减少病人手术后的继发痛苦。该纳米遥控手术机器人的外层覆有高分子保护膜，采用防酸、防免疫性物质的高分子材料制成，以保护机器人免于免疫系统的攻击。

二、轻松发明方法

（一）创造法名称：微观探测创造法

（二）微观探测创造法原理

利用生物化学、细胞生物学等原理，在分子或细胞水平上进行专一性、特异性探测，利用生物分子的特异性、电磁波的高能量特性，将其应用于临床试验和医用治疗，以减少疾病带给人们的病痛，从而实现明确、高效的监测与治疗。

（三）微观探测创造法应用要领

因世界上有些地区的各类疾病发病人数增加，病情加重，每个病人可分配的治疗时间过短，使得许多人因错过最佳抢救时机而不幸丧生。所以，需要①进行微观探测，及时了解病情；②有序、合理地制订高效治疗方案，使更多的患者得到康复。

三、轻松发明思想

（一）发明家的思维模式

发明家寻找发明思路应以现实生活为主旨，正像艺术源于生活却高于生活。所有的发明不应是无中生有，而应是发明家根据自己对社会、生活的细致观察，发明出的改善社会现状，改善民生生活质量的作品。

（二）发明家的行为模式

发明家应先体察民情，感受、了解民生，听取老百姓的建议，并进行汇总、分析和深入研究，进而再为民情的发展改善作出规划。规划必须是完整、具体。就好比针对一天的早饭，他们不仅会计划吃鸡蛋、西红柿，而且会规划蛋应是煮还是炒，西红柿应打汤还是凉拌。

（三）参赛者的发明梦想

因从小看科普类的书籍和电视节目，我充分感受到了许多疾病的可怕，以及救治效率的重要性。所以，我从小就希望有朝一日，可以用高效的机器实现我的理想，大大降低病人因救治不及时而离世的概率，让心惊胆战的家属得到宽慰，远离因亲人离世所带来的痛苦。

（四）罗老师点评

机器人的发明与应用一直以来都是发明创造的前沿。人们不断赋予机器人新的能力，同时，科技的发展也带动着医疗领域的进步，纳米机器人等前沿技术正大量运用到医学检测和治疗中。

吴逸扬同学设计的这种纳米遥控手术机器人，立足改善医疗环境，解决阻碍高效救治病人的问题，同时可以减轻病人在手术中的痛苦。在机器人的设计方案中，也可以看出吴同学在平时已积累了很多机器人技术方面的知识，考虑问题也很全面。

作为医疗用的纳米机器人，吴逸扬同学设计了为其储备药物的空间，探测、反馈及处理信息的控制系统，保护机体的高分子材料结构等，涉及的技术领域较广泛。特别设计了纳米机器人螺旋桨式的推进移动方式，便于纳米机器人在人体各器官间的移动，扩大了该发明的应用范围。但是，对于癌症、病毒等具体治疗方式还需结合相关的医学知识进行进一步完善。

创新型人才的标志是有一定的创新成果。吴逸扬同学正是创新型人才，因为他的发明创造就是一种创新成果，相信这种创新精神也会体现在其他方面。当吴逸扬同学有了一个很好的创意时，他首先会通过设计和绘制图纸，完成发明创造的第一步。相信吴同学在未来一定会拥有先进的创新成果，成为优秀的创新人才。

案例 65

新 型 玻 璃

王子涵

新型玻璃由王子涵同学发明。王子涵同学荣获第 15 届中国青少年创造力大赛金奖（参赛编号 201915398），参赛时就读于山东省济钢高级中学，现就读于西南石油大学电气信息学院自动化专业。发明指导教师：罗凡华。

一、轻松发明方案

（一）发明名称：新型玻璃

（二）发明方案附图

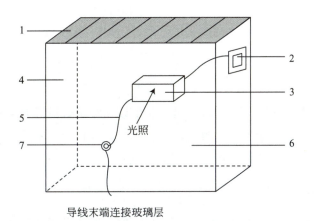

导线末端连接玻璃层

（三）发明方案附图各组成部分说明

各组成部分名称：1.太阳能电池；2.开关；3.光敏电阻；4.玻璃；5.导线；6.附有可变色材质的玻璃层；7.效应器。

补充说明：这款新型玻璃内部附有电路。玻璃表面携带太阳能电池，侧壁带有开关。内部电路中有一光敏电阻，可随太阳光强度的增大而减小电阻，电阻减小而电流增大，效应器中电流相应增大，使玻璃表面可变色材质颜色加深，以调节室内光照强度保持在适宜状态，还可以防止反光等现象发生。此玻璃无须额外消耗电能，绿色环保。

二、轻松发明方法

（一）创造法名称：物理模型创造法

（二）物理模型创造法原理

物理模型创造法是根据物理原理，将物理知识应用于生活。例如我设计的新型玻璃，一是可利用太阳能进行充电；二是可随光照强弱，通过调整玻璃内部光敏电阻大小，进而改变玻璃颜色深浅，达到使室内保持一定光照强度的目的。

（三）物理模型创造法应用要领

物理模型创造法的应用要领在于对物理知识的掌握与贯通。夏季太阳光毒辣，在家中看电视或在教室看黑板时都会出现反光现象，而这款新型玻璃，既不消耗电能，又可解决此类问题。当不需要改变玻璃颜色的深浅时，还可手动关闭开关。

三、轻松发明思想

（一）发明家的思维模式

发明家在进行发明创造时，应从用户体验、社会价值以及经济效益三方面来综合考虑。发明家要切身体会此发明的益处，以及能给使用者带来怎样的感受，不能凭空猜测，不能脱离实际，应对人们的实际生活有所帮助。切忌发明对人类生存进步有危害的物品。

（二）发明家的行为模式

发明家想要发明一件物品，应坚持不懈，不要半途而废。若在发明过程中因对某一领域了解得不够深入而受阻，可与相关领域的同伴共同协作来完成。所发明的东西应对人类社会有益，一旦发现此物品会危害社会，则应立即销毁。

（三）参赛者的发明梦想

我希望我发明的这款新型玻璃可以在不久的将来投入使用，并且不断得到完善和改进，让老百姓感受到此玻璃给生活带来的益处。并且，我希望将来可以创造出更多对人类有益的发明。即便会经历挫折，我也不轻易放弃。

（四）罗老师点评

发明创造正在改变事物原有的定义。玻璃电视、玻璃手机、玻璃外墙、玻璃门窗、玻璃卫星，一时间，我们看到的玻璃的内涵正在随着技术的升级而不断变化。

在一天中的不同时刻，阳光的强度会不同，而室内工作环境需要稳定的光线强度，那就只能拉上窗帘，长时间使用稳定的灯光，这就造成了资源的浪费。

王子涵同学设计的这款新型玻璃从理念上解决了上述问题。通过王子涵同学的合理设计，该新型玻璃还实现了无须外接电源，便可以利用自身所带的太阳能电池板实现供电，且充分利用光敏电阻的特性和电路原理，实现了当阳光强烈时玻璃表面可变色的材质使颜色加深减小透光率，当阳光变弱时玻璃表面可变色的材质使颜色变浅增大透光率。

需要注意的是，对可变色材料的选择是本创新发明方案的重点，希望王子涵同学能用心探索，如果没有合适的可变色材料，也可以换个思路设计一下如何使玻璃的透明度发生变化。此外，该设计方案仍有可以改进的地方，因为通过改变玻璃透明度调节室内光线强度的时长有限，所以当外界完全黑暗时该怎么办呢？那么是否可以给该新型玻璃设计一定的自发光功能呢，并应用自适应原理，实现自动控制系统，从而充分利用太阳能并及时存储。

发明家的核心能力是创造力，王子涵同学的创造力很强，如果后续能让自己的发明实现成品化，并立足玻璃领域继续进行发明创造，也许王同学能在未来成为玻璃专家，成为创造型人才。

案例 66

新型一体式牙具

孙志诚

新型一体式牙具由孙志诚同学发明。孙志诚同学荣获第 15 届中国青少年创造力大赛金奖（参赛编号 201915329），参赛时就读于山东省淄博实验中学，现就读于青岛大学软件工程专业。发明指导教师：罗凡华。

一、轻松发明方案

（一）发明名称：新型一体式牙具

（二）发明方案附图

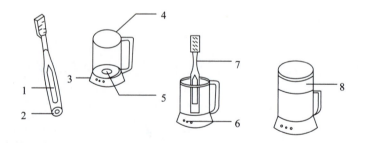

（三）发明方案附图各组成部分说明

各组成部分名称：1. 牙膏空腔；2. 电动按钮；3. 充电底座；4. 牙杯；5. 电磁充电装置；6. 电量指示灯；7. 可拆卸刷头；8. 杯盖。

补充说明：该装置中的牙刷为电动牙刷，其内部有可供填充牙膏的空腔。按压位于牙刷底部的电动开关，牙膏将被定量推送至牙刷刷毛处（通过牙刷内部），然后电动牙刷在再次触发开关后开始振动工作。此过程将简化人们刷牙前的准备工作，实现牙刷与牙膏合二为一。可通过打开底部空腔补充牙膏。牙杯是可作牙刷充电装置的新型牙杯，当电动牙刷电量不足时，可将其垂直放置在牙杯底部，通过无线充电技术实现充电。杯盖与可拆卸刷头是该装置的附件。刷头可根据使用时长及时换新，而不用替换整只牙刷。该牙具便于外出时携带，可将牙刷刷头卸下与牙刷手柄共同放置杯中，扣上杯盖。使用时，此杯盖也可用于盛水。

二、轻松发明方法

（一）创造法名称：多物结合创造法

（二）多物结合创造法原理

通过将日常生活中的相关物品合理结合，如牙刷与牙膏，达到化繁为简的目的。

（三）多物结合创造法应用要领

① 要通过细致的观察与联想，将本来需多个物体参与才能完成的工作，汇聚为由一个物体即可完成，从而提高办事效率；② 要注意多物体功能的结合方式；③ 要在保留各部分功能与特点的同时，寻求设计上的简化。

三、轻松发明思想

（一）发明家的思维模式

发明家的观察要细致深入，要能够通过联想发现事物的内在联系，从而进行发明创造；要有敏锐的洞悉力和以小见大的能力，如去发现一项新技术在某个领域可能存在的巨大而广阔的应用前景；要有多角度思考探究的思维。

（二）发明家的行为模式

发明家既要有切实行动的初心，也要明晰当今技术的发展状况。在进行发明时要考虑全面，如成本、适用人群等。发明家要勤于观察，对生活时刻抱有好奇心，有很强的动手能力，能把新主意从思想转化为图纸甚至实物。

（三）参赛者的发明梦想

我梦想在未来我能够发明出一种可耐超高温的材料，作为核聚变原子的反应容器。可承受核聚变产生的超高温，让人类从此拥有取之不尽的安全的能源。

（四）罗老师点评

发明创造者就是产品设计者、改进者、提升者，也是日常生活的有心人。孙志诚同学在日常生活中通过对电动牙刷使用过程的认真体会与观察，设计出了这一新型一体式牙具，便于旅行、出差时携带使用。除了具备电动牙刷基本的充电、可替换牙刷头等特点之外，孙志诚同学在电动牙刷内部设计了存储牙膏的空间，使用者在使用时，牙刷能自动挤出定量的牙膏。将充电座设计为牙杯的形状，既方便对牙刷充电，又能在刷牙时充当牙杯使用，还能盖上杯盖将牙刷收纳起来，避免污染且方便携带，真是一举多得。

　　由于牙刷在密闭环境中容易滋生细菌，但暴露在外面也容易受到污染，因此孙志诚同学还可以考虑给牙杯增加紫外线杀菌功能。当使用者盖上杯盖之后，就能自动启动紫外线杀菌功能，防止牙刷在密闭的牙杯中滋生细菌。

　　孙志诚同学创造力较强，已经具备了系统设计理念。这次他通过对生活小事的细致观察，借鉴现有的技术设计，经过合理的功能组合实现了新的突破。

案例 67

解放双手多功能伞

刘颖颖

解放双手多功能伞由刘颖颖同学发明。刘颖颖同学荣获第15届中国青少年创造力大赛银奖（参赛编号201915508），参赛时就读于山东省青岛市胶州第一中学，现就读于山东建筑大学建筑学专业。发明指导教师：罗凡华。

一、轻松发明方案

（一）发明名称：解放双手多功能伞

（二）发明方案附图

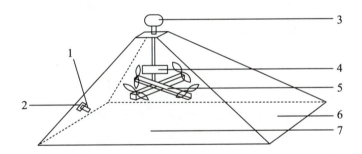

（三）发明方案附图各组成部分说明

各组成部分名称：1.蓝牙适配器；2.USB 插口；3.LED 灯；4.GPS 定位器；5.可折叠四轴飞行器；6.PG 布；7.遮挡空间。

二、轻松发明方法

（一）创造法名称：解放双手创造法

（二）解放双手创造法原理

人仅有两只手，能够同时做的事项十分有限。如果能够减少一些不必要的手的使用，不仅可以提高生活效率，同时还能够降低危险发生的可能性，这无疑是快节奏生活的人们所期盼的。

（三）解放双手创造法应用要领

在解放双手的同时，需要产生和原来一样的工作效果，而且要维持人们使用这种产品的舒适度，最好还能使人们有新的体验，创造出多功能的产品。

三、轻松发明思想

（一）发明家的思维模式

发明家思考问题时，要顺势而为。例如，在炎热的夏天，走在路上的人们双手提着大包小包的东西，突然下起了雨，如果这时能有一把自动悬浮的伞为他们挡雨，就会给他们带来许多便利。同时，伞上的 LED 灯还会降低交通事故的发生概率。迷路时，如果有 GPS 定位系统，还会帮助家人快速找到他们。

（二）发明家的行为模式

发明家在发明前，首先，应广泛而深入地调查人们的真正需求。学会调查是学会研究的前提。其次，在发明过程中，应保证使用方便，制作材料简单，成本低，能真正投入生产与使用。

（三）参赛者的发明梦想

我希望在未来，人们的生活越来越便捷，大大减少生活中不必要的危险，真正做到解放双手，提高生活质量，做自己想做的事。

（四）罗老师点评

发明创造设计虽然是一件很难实现的事情，但是如果敢于设想，设计就会变得容易。在下雨天或者炎热的正午，人们常需要打一把伞来进行遮挡，但也因为打伞占去一只手而给生活带来了许多不便。

刘颖颖同学正是为了解决这个问题而设计了解放双手多功能伞。这一多功能伞在可折叠四轴飞行器的带动下能够悬在空中，该伞还拥有醒目的 LED 灯，用以提升在雨天使用的安全性，同时还加装了 GPS 定位器，在迷路或遇到危险时能更快速地发送伞的所在位置。该方案的设计新颖，且非常实用，但是其中需要注意改进的有两点：①四轴飞行器能飞起来的原理是螺旋桨和周围空气的作用，因此为了保证多功能伞的稳定悬浮，可以要考虑给四轴飞行器做好防水处理，改装到伞的外部顶端；②多功能伞需要随着使用者的移动而移动，因此需要使用者佩戴同步定位装置，以实现多功能伞的准确跟随。

刘颖颖同学是一个具有挑战精神的发明创造者。在发明创造之初，人们总会担心发明设计难以实现，用途有限等，其实，发明创造并不会在设计之后的一天之内就成为实现商品。况且，中国专利的有效期长达二十年，在这二十年之内，原先的发明专利都有可能被转化为真正的商品。

案例68

动力转化式摇椅

高 菡

动力转化式摇椅由高菡同学发明。高菡同学荣获第 15 届中国青少年创造力大赛银奖（参赛编号 201915509），参赛时就读于山东省青岛胶州市第一中学，现就读于山东省泰安市泰山学院国际经济与贸易专业。发明指导教师：罗凡华。

一、轻松发明方案

（一）发明名称：动力转化式摇椅

（二）发明方案附图

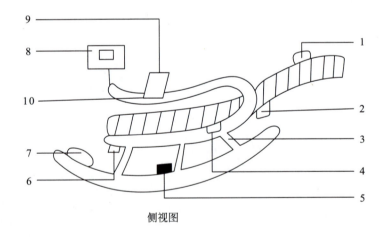

侧视图

（三）发明方案附图各组成部分说明

各组成部分名称：1. 头部按摩器；2. 肩部按摩器；3. 支架；4. 腰部按摩器；5. 动力发电机；6. 动力加热器；7. 脚垫；8. 遥控器；9. 伸缩桌子；10. 控制桌子的开关。

补充说明：支架设计运用三角形高稳定性的原理。扶手向上倾斜，使手肘放松时贴合曲线，臂膀得以舒展自然倚靠。按动控制桌子的开关，桌子会自动伸出，再次按动，即可缩回。

二、轻松发明方法

（一）创造法名称：动力转化创造法

（二）动力转化创造法原理

将摇椅前后摇动时所产生的动力，一部分通过动力发电机转化为电能，并将电能传输到按摩器上，供按摩器工作之用；另一部分动能直接通过动力加热器转化为热能，让摇椅温度上升。可用遥控器控制摇椅的温度及按摩强度。类似这种将动力转化为所需的能量形式，即为动力创造法原理。

（三）动力转化创造法应用要领

① 将生活中产品的原理弄懂后，要继续探寻它的不足之处；② 从能源利用率的角度（或其他角度）来思考能否节省能源，使能源高效利用；③ 将多个事物的性质及特点结合在一起（例如设计支架时用到了三角形的稳定性，扶手的上倾斜设计可使人们的手臂更加放松，等等）。

三、轻松发明思想

（一）发明家的思维模式

对于同一个物体，发明者要同时看到这个物体的可取之处与不足之处，从它的不足之处入手，与能将其转化并增大利用效率的工具相结合，从而设计出更加有用的产品。

（二）发明家的行为模式

发明者应努力做到知行合一，将理论结合实际并加以应用。

（三）参赛者的发明梦想

现在的许多家长工作压力都很大，身体常会出现不同程度的酸痛，我希望我的发明可让家长在工作繁忙之时，一边在小桌上工作，一边让身体得到放松，缓解身体酸痛。对于老年人，在悠然自得时候也可以按摩一下，既省电又使自己身心舒畅，何乐而不为呢?

（四）罗老师点评

老年人会时常感觉腰酸背痛，现代社会的年轻人也因为办公久坐产生了很多职业病，如肩周炎、腰肌劳损等。因此在家中常备一把具有按摩功能的躺椅是非常有必要的。

高菡同学基于传统摇椅和按摩椅的结构功能，设计了这一动力转化式摇椅，希望能将平时摇动摇椅时产生的能量通过动力发电机储存下来供按摩时使用，通过将动能转化为电能，实现节约用电。从设计方案中可以看出高菡同学平时细心观察生活，摇椅的按摩功能覆盖了头部、肩颈、腰部、脚底，满足了使用者全方位的使用需求。可伸缩式小书桌也能供使用者办公或放置物品。

　　高菡同学具有很好的创新思维及创新能力，有效地将自己的想法，在 4 个小时之内绘制成具体的发明创造方案。当很多同学还在纠结于发明创造从哪里开始时，看到这个发明创造案例后，也许他们可以得到一个启示：我也要发明。

案例 69

新型家居地板

赵静怡

> 新型家居地板由赵静怡同学发明。赵静怡同学荣获第 15 届中国青少年创造力大赛金奖（参赛编号 201915345），参赛时就读于山东省济南市历城第二中学，现就读于天津中医药大学中医专业。发明指导教师：罗凡华。

一、轻松发明方案

（一）发明名称：新型家居地板

（二）发明方案附图

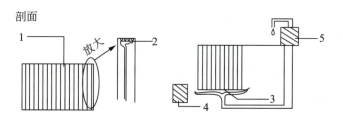

（三）发明方案附图各组成部分说明

各组成部分名称：1. 组成地板的最小单元；2. 灰尘、水滴吸收装置；3. 水滴、灰尘分离盘；4. 泥土液化器；5. 抽水泵。

补充说明：地板最小单元足够小，因此可能满足灵活组装的需求，可因时而变，可因需而变，使生活更加舒适。水滴收集、灰尘收集功能，可最大化实现资源循环利用。

二、轻松发明方法

（一）创造法名称：视益创造法

（二）视益创造法原理

① 从日常生活的角度进行发明创造：在日常所见中进行思维发散，这样可以使生活中的各种不方便转化为我们创造的灵感；② 从对推动人类生活进步的角度进行发明创造：可以从人类面对的总体问题出发，找出思维落点。

（三）视益创造法应用要领

① 应细心观察日常生活，细心留意自己与身边的人在生活中遇到的问题，并将问题记录下来，认真思考解决方案；② 发明一个物品，应使它在各个方面都发挥对人类有利的作用，仔细研究每个细节，将它改善为更有利而非局限于正常水平的样子。

三、轻松发明思想

（一）发明家的思维模式

前瞻性思维：发明一个物体之前，需预测此物品在使用范围内可能遇到的各种环境冲突与疑难问题，相应地在此物品上添加更多功能，让人们使用起来更加便捷。

发散性思维：看到一个圆形物品，就想到能否将其做成方形、锥形及其他类型，充分利用每个事物的特性与优点，充实发明的内涵。

（二）发明家的行为模式

发明家应有十足的行动能力，即把所想到的发明方案落实到实践，在实践过程中积极发现和解决问题。因为只有在具体实践中才能发现发明中的问题，才能将发明创造的优势功能最大化。

（三）参赛者的发明梦想

人人都会在生活过程中迸发出"金点子"，但很多人都忙于工作、学习等现实事务，使他们不能将金点子及时实施。我梦想有一个外形像头饰一样的储存器，只要想想就可以储存"金点子"，不让宝贵的灵感流失。

（四）罗老师点评

换一种方式实现某一个功能，是发明创造者常备的一种创新精神。做家务是家庭生活的重要组成部分，虽然说现在有很多家务活在机器的协助下实现了效率的显著提高，如洗衣机、洗碗机、吸尘器等，但地板的清理仍旧主要依靠人工，无法实现自动化清理。即使目前市面上有吸尘与拖地一体化的扫地机器人，但由于其外形尺寸过大，屋内仍存在较多无法触及的卫生死角，这也令人头疼。

　　赵静怡同学设计的这一新型家用地板则从根本上解决了上述问题。通过对极小单元的合理设计，使地板本身具有吸收灰尘和水渍的自净功能，并在地板下设置了分离处理系统。需要注意的是地板的材料是重中之重，赵静怡同学需要查找更多的相关资料使方案设计进一步完善。

　　赵静怡同学具有一定水平的发明创造精神，本发明创造充分展示了其发明创造的天赋。通过细小单元的创新设计，从根本上解决问题的思路，值得发明创造者们借鉴和学习。

案例 70

可"带走"的课桌

徐敏颖

> 可"带走"的课桌由徐敏颖同学发明。徐敏颖同学荣获第 15 届中国青少年创造力大赛金奖（参赛编号 2018151253），参赛时就读于山东省青岛西海岸新区胶南第一高级中学，现就读于山东科技大学电气工程及其自动化专业。发明指导教师：罗凡华。

一、轻松发明方案

（一）发明名称：可"带走"的课桌

（二）发明方案附图

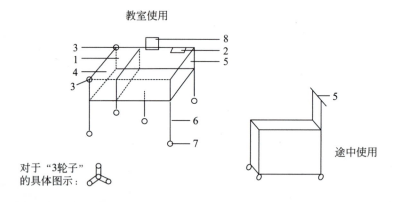

（三）发明方案附图各组成部分说明

各组成部分名称：1. 电池与马达；2. 长方形线凹槽；3. 可由拉杆控制方向，可以辅助上下楼梯的轮子；4. 桌洞；5. 拉杆及拉杆隐藏处；6. 可伸缩的桌腿；7. 轮子固定器；8. 可隐藏式台灯。

补充说明：将书包、书桌、交通工具融为一体，节省学生上下学时收拾东西浪费的时间，减轻学生书包的负担，让学生生活轻松愉快。主要制作材料有轻质合金、木材、橡胶、LED 灯、电池、马达等。功能作用支持教室学习、携带资料、防物品滑落、轻松上下学，桌洞容量大。创新部分是将课桌、书包、交通工具等结合为一体。

二、轻松发明方法

（一）创造法名称：轻松上学创造法

（二）轻松上学创造法原理

先讲一个小故事，学习本是一件令人快乐的事情，但越来越沉重的书包却让同学们苦不堪言。2018 年，上了十几年学的小颖对沉重书包的不满终于爆发，厌倦了在车棚与教室之间奔跑，受够了帮忙捡东西的同学流露出的不满。于是，她便想出了一个好办法，她把桌子、书包、交通工具结合到了一起，使用起来十分方便，也令同学们很是羡慕。

轻松上学创造法就是将一些事物结合起来，省去替换物品时耗费的时间，让学生生活更加轻松和方便。

例如，上学要求先去车棚，再去教室，还要收拾书包，如果将这些过程与需求直接结合起来，就可以让使用者直接去教室，放下书包就可以学习。这样一来可以为使用者节省不少时间。

（三）轻松上学创造法应用要领

① 一切应从方便、简单、适用方面入手，尽量减少不必要的麻烦；② 要从学生上学方面考虑，材料不应过重，外表不宜过于华丽；③ 放心大胆地去构想。

三、轻松发明思想

（一）发明家的思维模式

生活中总是会遇到一些困难，发明家遇到这些困难时是不会退缩的。他们会想尽一切办法去解决，发明出不少新颖、实用、方便的工具，让生活变得轻松愉快。

（二）发明家的行为模式

发明家应该是一个很好的观察者，能够从生活小事中发现问题，并以这些小问题为切入点，发明一些小物件来解决它。这样有助于做出更切合实际、更符合民心的发明创造。

（三）参赛者的发明梦想

我的梦想是通过自己的努力，去除额外加载在学生身上的负担，让每一位学生都能够快乐学习知识，助力学生们长大，将来能更好地报效国家，创造更美好的生活。

（四）罗凡华老师点评

当人们惊讶于发明是如何被创造出来的时候，往往会更加敬佩发明创造者的思维和思路。

近年来教育部门出台了不少为学生减负的政策，希望同学们在学习知识的同时，能够更加健康、快乐地成长。在我看来，除了改善教育方式外，还可以从学生的学习环境入手，切实为学生尝试发明设计带来更便利的条件。

徐敏颖同学设计的可"带走"的课桌是将书包、书桌和交通工具集成到一起，可以避免学生收拾书包时遗漏书本，同时也避免了学生上下学去乘坐拥挤的公共交通工具。需要注意的是，由于该书桌可充当交通工具使用，因此在安全性能方面需要做进一步的完善与加强，否则将形成安全隐患。

徐敏颖同学具有创意思维、创新能力和创造方法。作为学生发明创造者，其所拥有的一大优势就是可以深刻了解学生这个群体的需求，能从实际问题出发，提交自己的发明创造方案和设计图纸，并利用自己所学的知识进行发明创造。徐敏颖同学的创新思维值得大家学习。

案例 71

重力协调卧床喝水杯

刘泽洋

重力协调卧床喝水杯由刘泽洋同学发明。刘泽洋同学荣获第 14 届中国青少年创造力大赛银奖（参赛编号 201815593），参赛时就读于山东省山东师范大学附属中学，现就读于山东财经大学计算机与技术学院金融大数据专业。发明指导教师：罗凡华。

一、轻松发明方案

（一）发明名称：重力协调卧床喝水杯

（二）发明方案附图

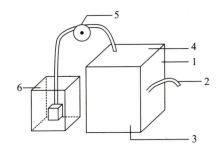

（三）发明方案附图各组成部分说明

各组成部分名称：1. 可移动滑链；2. 可移动吸管；3. 防漏水环状链；4. 水杯；5. 定滑轮；6. 浮力装置，保持水瓶的高度变化。

补充说明：躺下喝水对于身体不便或是"懒人"来说，是十分必要的，本设计在于可以让人躺着舒适地喝水。制作材料包含金属橡胶、液体等。功能作用包括用于躺卧时喝水。创新部分是可移动吸管和可变化高度的水杯。

二、轻松发明方法

（一）创造法名称：光与反射创造法

（二）光与反射创造法原理

纵然大部分城市道路已经布满了灯光，但仍有一些暗黑的角落需要灯光去照亮。由于科技的发展，强光手电筒已问世，但因其光源的发散性，反而给黑夜中的人带来不便。于是，有人发明了由镜片加手电筒组成的集光手电筒。

在现实社会中，总是有真实存在却又无法触及的一类问题。倘若能有效地解决这类问题，便可以在生活层面或更高的层面上，取得重大突破。而光的一大特点便是反射，当光源与光的反射特性良好结合的时候，便会产生意想不到的结果。

光是在世界开始时便存在。各色的物体反射了不同频率的光，才使我们眼中的世界五颜六色。光接触某一介质之后，会发生特定的改变，例如反射或是折射。其中，仅借助反射角与入射角相等的特性，就可以设计出许多巧妙的工具。

（三）光与反射创造法应用要领

光学很大程度地被运用到了医学领域，如给生病的病人或是孕妇做检查时，都需要借助光学仪器。光的反射特性常应用于牙医。例如凹侧面加上镜子的勺状镜子，由光的照射下，可以轻松地看清口腔深处牙齿的复杂结构等。这便是光的反射的一种运用场景。

三、轻松发明思想

（一）发明家的思维模式

以观察寻常的事情为中心，思考其常规的应用方式和原理，设想对打破其常规的用法甚至可以反其道而行之，以更为方便、简洁、利人利己为目标进行大胆创造。

（二）发明家的行为模式

记录身边的小事，可为烦琐之事，或简洁之事。收集和提取周围人的看法，发掘其共同点，思考大家为何产生共鸣，从而抓住本源，再由最本源开始创作、创新，最终打破常规思路的封锁。

（三）参赛者的发明梦想

以简单为起始，以身边的小事为基础。很多大发明也是由小的发明创造衍生而来的。我的梦想很简单，以自由的身份为周围人们的需求进行小的发明创作，让大家能够生活得舒服。这对于我来说便足够了。

（四）罗老师点评

探寻发明创造细节对于解决特定情况下的特殊需求十分重要。本设计可以让使用者在躺下时舒适地喝水。

刘泽洋同学以观察和思考物品常规应用方式和原理为基础，设想打破常规的方法，尝试反其道而行，以更为便捷、利人利己为目标进行创造。他通过对滑链、吸管、防止漏水式环状链、水杯、定滑轮、浮力装置的集成组装，从而达到了让使用者能够卧床喝水并感到舒适，他抓住了事物的本源，由本源开始构思、创新，以此打破常规思路的束缚。

以简单为起始，以身边的小事为基础。很多复杂的发明也是由简单的发明衍生而来的。

刘泽洋同学具有创新人才素养，学会了发明创造原理，掌握了发明创造方法，在短短几个小时的比赛中，完成了一个具有创意的发明创造方案，并清晰地表达了自己的梦想。希望读者也能参与到发明创造中来，实现自己的发明梦想。

刘洋溢

案例72

智能水果切割器

智能水果切割器由刘洋溢同学发明。刘洋溢同学荣获第 15 届中国青少年创造力大赛金奖（参赛编号 201915382），参赛时就读于山东省东营市第一中学，现就读于山东曲阜大学生命科学专业(师范类)。发明指导教师：罗凡华。

一、轻松发明方案

（一）发明名称：智能水果切割器

（二）发明方案附图

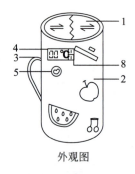

外观图

内部结构图

（三）发明方案附图各组成部分说明

各组成部分名称：1. 全自动左右伸缩门；2. 书写白板；3. 提手；4. 电子显示屏；5. 开关；6. 传感器及半导体升温设备；7. 切割器；8. 温度调节按钮。

补充说明：切割、绞碎，给水果等食物升温或降温。将需要切割的食材放入其中，设定好所需温度，按下开关即可。

工作原理：食材放入后，切割器内壁会自动收缩，以固定住食材。切割器上方，伸缩门自动关闭，以免食材溅出。半导体升温设备开始工作，同时，传感器会在电子显示屏中显示当前器内温度。切割器刀片上下运动时将食材切片，旋转运动时将食材打碎。

二、轻松发明方法

（一）创造法名称：贴近生活创造法

（二）贴近生活创造法原理

发明创造源于生活。生活上的种种不便会激励我们发明创造出更加自动化、一体化的产品，从而大大降低生活中一些日常事务的复杂程度，帮助我们节省时间和不必要的体力劳动。

（三）贴近生活创造法应用要领

将生活中一些较为常见的、关联性较强的事物合为一体，一键式智能化解决多项个人劳动，为使用者节约时间。

三、轻松发明思想

（一）发明家的思维模式

首先要敢问、敢想、敢质疑。面对生活中不正确、不合理、不方便的事物，要积极开动脑筋，思考有什么更好的解决方法。

（二）发明家的行为模式

在有了初步设想后，要积极动手实践。实践是检验真理的唯一标准。所以，唯有大胆尝试可以让我们知道设想是否正确、合理。说干就干，坚持不懈！

（三）参赛者的发明梦想

小时候，当我明白我们的吃穿用度离不开创造时，做一名发明家的梦想便在我的脑海中深深地扎下了根。同时，本着为人民服务的原则，我无比希望自己创造的发明可以极大地方便人们的生活，使人们的生活更加幸福。

（四）罗老师点评

发明创造大多源于生活，生活上的种种不便会激励我们发明创造出更加智能的产品，从而大大降低日常生活中一些事物的复杂程度，帮助我们节省时间和体力。

为解决水果切割的具体问题，刘洋溢同学将生活中一些较为常见的，连贯性较强的事物合为一体，从设计上实现了一键式智能化解决问题的方案，很好地节约了时间。

刘洋溢同学在其发明创造方案中详细描述了发明创造原理，说明了发明创造的过程，已经具有一定的发明创造能力。他是中学生中出类拔萃的创新型人才。

案例 73

新型智能签字笔

李英豪

> 新型智能签字笔由李英豪同学发明。李英豪同学荣获第 15 届中国青少年创造力大赛银奖（参赛编号 201915366），参赛时就读于山东省济南市章丘区第五中学，现就读于济南大学舜耕校区管理科学与工程专业。发明指导教师：罗凡华。

一、轻松发明方案

（一）发明名称：新型智能签字笔

（二）发明方案附图

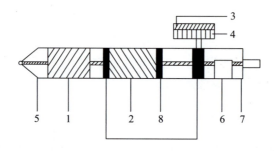

（三）发明方案附图各组成部分说明

各组成部分名称：1. 握笔护垫；2. 智能触摸屏；3. 扫描定位器；4. 智能投影机；5. 笔芯；6. 智能传感器；7. 按动装置；8. 智能转轴。

补充说明：该发明方案旨在解决学生抄写材料时查阅书籍等资料的不便之处。其外形与传统笔并无二致，也是采用按动式控制笔芯的进出。不同的是，学生可以通过手指控制位于"握笔护垫"上方的"智能触摸屏"，实现单个手指对材料的翻页。材料信息会在"智能投影机""扫描定位器"的辅助下，随纸张水平投影，还可通过手机与"智能传感器"连接，实现材料传输。此外，考虑到学生写字时会出现转动笔杆的行为，以及写字时笔杆振动的问题，在"智能投影机"中内置防抖装置，同时"智能转轴"将会随时调节"投影机"位置，以确保文字清晰。

二、轻松发明方法

（一）创造法名称：新旧结合创造法

（二）新旧结合创造法原理

将新技术融合进传统事物，对现有的不适于大规模改进的事物进行局部改造与创新，可将新技术、新材料、新理念"植入"传统事物，赋予其新的或额外的功能。

（三）新旧结合创造法应用要领

要善于发现新技术与旧事物之间的潜在联系，思考新技术如何应用于旧事物，改进现存的缺点，或使其结构与功能更加多元化，更加适用于当今人们的生产和生活需求。

三、轻松发明思想

（一）发明家的思维模式

发明家应该看到新技术本身的优点与不足，同时应注意到旧事物的改进方向。在保留旧事物自身优点的前提下，最大限度地利用新技术对旧事物进行改进，最大程度上将双方优点结合。

（二）发明家的行为模式

发明家要像批评家一样，勇于对现有事物进行否定，并认真分析其存在的不足，用审视的态度去发现和拓展新技术的应用空间。同时，发明家也要像冒险家一样敢于尝试，不怕失败。

（三）参赛者的发明梦想

在不久的将来，我们不必在写字时不断地转动头部，使视野在纸张与书籍材料之间来回切换。只需眼睛注视投影在纸张上的文字，就可直接书写。这将为我们省下大量的时间，也会大大提高我们学习的效率。

（四）罗老师点评

发明的要义就是将新技术融入传统事物，将不宜进行大规模改进的事物进行局部创新改良，将新技术、新材料、新理念"植入"传统事物，赋予其新的功能。

李英豪同学的发明方案有效解决了学生抄写书籍等材料时遇到的不便。

本发明外形与传统笔相似，但采用按动式控制相关笔芯的进出，学生可以通过手指控制位于握笔护垫上方的智能触摸屏，实现单手控制材料的翻页。材料信息会在扫描定位器的辅助下，经智能投影机将信息随纸张水平投影，还可通过手机与智能传感器连接，实现材料的传输。

此外，考虑到学生写字时常出现转动笔杆的动作，写字时常产生的振动等问题，还在智能投影机中内置减震装置，同时智能转轴会随时调节投影机位置，确保文字清晰。

李英豪同学具有发明家的气质，在发明创造竞赛中，表现优秀。通过本发明创造的方案设计，可以看出，李同学已初具工程设计思维体系，是不可多得的创新型人才。

案例 74

一种自行车（轮椅）的刹车兼动能回收再利用系统

杨雨潭

一种自行车（轮椅）的刹车兼动能回收再利用系统由杨雨潭同学发明。杨雨潭同学荣获第 15 届中国青少年创造力大赛金奖（参赛编号 2018151266），参赛时就读于山东师范大学附属中学，现就读于澳门科技大学商学院行政管理专业。发明指导教师：罗凡华。

一、轻松发明方案

（一）发明名称：一种自行车（轮椅）的刹车兼动能回收再利用系统

（二）发明方案附图

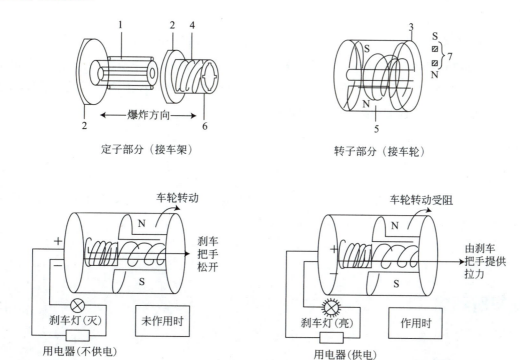

（三）发明方案附图各组成部分说明

各组成部分名称：1.带有滑槽的结构套筒；2.一大一小两个轴承；3.外侧花毂及法兰（未画出）；4.线圈；5.固定于③上的弹簧；6.附有线圈的可移动套筒；7.固定于转子的永久磁铁。

补充说明：运用移花接木法，将现代混合动力与纯电动汽车动能回收装置原理移用到自行车与轮椅上。集刹车、警示、发电等功能于一体，环保且方便。制作材料有轴承、永磁铁、线圈、弹簧、法兰盘、灯泡等。功能作用有刹车、警示、供电。创新部分是将刹车动能转化为电能，减少能损，同时可用于点亮刹车灯起警示作用。未作用时，线圈未被拉动，压缩弹簧远离磁场，车轮正常转动，系统不供电，刹车灯灭。作用时，线圈被把手拉动，压缩弹簧进入磁场，切割磁感线产生电流，为系统供电，刹车灯亮，同时车轮受到磁阻，转动受阻，实现刹车效果；同时，动能被回收为电能。

二、轻松发明方法

（一）创造法名称：移花接木创造法

（二）移花接木创造法原理

德国曾对美国的商品实行封锁禁运，所以当时的德国人没有办法喝到可口可乐。但是，有些德国人想到可口可乐的制作方法主要是给液体压入二氧化碳并通入糖浆，于是他们将该方法"移花接木"到苹果汁中，就这样，他们发明了畅销全球的"芬达"。

"芬达"的发明是将可乐的制法移用到苹果汁上。像这种将 A 物品的制作方法移用到类似的 B 物品上还有很多，如移用电动剪羊毛机的方法到电动理发机上，正是将一种物品的方法移用在类似的物品上。

事物 A 与事物 B 有相似的用途（特征、原理），当 A 事物被改进时，B 事物也可采用相似（相同）的方式进行改进，从而提升物品 B 的功能、效率和性能。

（三）移花接木创造法应用要领

① 两种事物常常有共同或相似的原理或特点，而有些事物的共性明显，有些则不明显，要使用"移花接木"法，首先必须找到共同点；②"移花接木"法的适用范围极广，要充分发挥想象力；③"移花接木"法在运用时要注意可行性，注意物品的特征，防止"邯郸学步"。

三、轻松发明思想

（一）发明家的思维模式

要将事物联系地看待，一种事物的发展过程是可以借鉴的，正如剪羊毛与理头发的机器的共同改进过程。

（二）发明家的行为模式

发明家应像焊接工人一样，将有共同之处的不同事物关联起来，"嫁接"到一起，并且在原有的基础上加以改进。

（三）参赛者的发明梦想

希望我的创意与构想可以付诸实际，为人们的生活带来便利，促进节能环保，为社会的发展贡献一份小小的力量。也希望自己的创意可以引发他人的共鸣，从而引出更大的创意。

（四）罗老师点评

发明家需要具有颠覆性创新思维，将不同却有共通之处的事物关联起来，在原有的基础上加以改进。

杨雨潭同学通过整合轴承、永久磁铁、线圈、弹簧等的应用，同时还运用移花接木创造法，将现代混合动力与纯电动汽车动能回收装置原理移用到自行车与轮椅上。该设计方案集刹车、警示、发电等功能于一体，环保且方便。

杨雨潭同学具有愚公移山般的创新态度，在充分运用新技术的同时，敢于涉及能源利用领域。杨同学的设计思想体系已初现，只要继续努力，未来一定能够承担基础理论研究和重大科研任务。

案例 **75**

新型智能滑雪板

郑天怡

> 新型智能滑雪板由郑天怡同学发明。郑天怡同学荣获第 15 届中国青少年创造力大赛金奖（参赛编号 201915423），参赛时就读于山东省济南稼轩学校，现就读于山东财经大学财政税务学院财政学专业。发明指导教师：罗凡华。

一、轻松发明方案

（一）发明名称：新型智能滑雪板

（二）发明方案附图

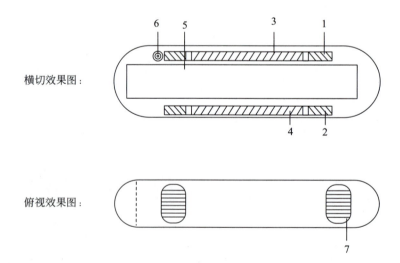

横切效果图：

俯视效果图：

（三）发明方案附图各组成部分说明

各组成部分名称：1. 脚掌压力感受器；2. 脚跟压力感受器；3. 脚掌压力调控装置；4. 脚跟压力调控装置；5. 太阳能充电板；6. 紧急制动安全绳；7. 雪鞋固定防滑带。

补充说明：在运动过程中，平衡转换或重心不自主偏移时，相应方向压力感受器产生感应，启动相应方向的压力调节。调节目的并不在于调整重心，主要是为了提醒运动者，辅助初学者调节自身平衡，以防自我调节中重心彻底偏离，造成不必要的伤害。

本发明的另一个安全装置是在滑雪者摔倒后，不方便自主站起时，安全绳可以找准受力点，帮助滑雪者站起来；另一种情况是在重心偏离超出压力调控器范围时，可以通过安全绳人为调整重心方向，减轻或避免不必要的伤害。

二、轻松发明方法

（一）创造法名称：生活经历创造法

（二）生活经历创造法原理

创造皆源于生活，通过改进生活中的不便，对已有的固化的事物进行改进、创新，从而创造出新型的、更适合生产与生活的、属于自己的新发明。

（三）生活经历创造法应用要领

① 从生活中不便的任何小事入手，大胆思考改造，进行创新；② 只有结合亲身经历，才能明确改进的方向，使创新发明的方向更细化，甚至微小化，但要适合现实情况的需求；③ 表达式：$n+1=m$，在 n 的基础上加上 1 的创新，创造出属于自己的发明。

三、轻松发明思想

（一）发明家的思维模式

既然发明源于生活，那么创造也与现实密不可分。我爱好滑雪，对单板滑雪更是情有独钟。但对于单板初学者而言，对单板的平衡控制十分重要，严重失误者会给自己造成生命危险。所以基于这一情况，我想发明一个新型滑雪板，让娱乐者更安全，让专业运动员更轻松。

（二）发明家的行为模式

在充分了解普通滑雪单板的基础上，明确自我发明的优势方向后，在拥有一定的经历与亲身体验的前提下，去向更多的爱好者讨论各自的"奇思妙想"，在交流中弥补自己原来想法的不足，从而启迪自己的思路。

（三）参赛者的发明梦想

单板滑雪是世界十大极限运动之一。我希望我的发明可以保有这个运动项目本身的乐趣与比赛竞争性，并减少参赛人员的受伤次数，让更多的人克服内心的恐惧，更深入地了解滑雪，爱上单板滑雪这项"妙不可言"的运动。

（四）罗老师点评

发明创造包括对各种产品功能的改进，也包括对具体技术的改进。

郑天怡同学为了提升单板滑雪这个运动项目的乐趣与安全性，创造性地提出了这款新型智能滑雪板的设计方案。其目的是想让更多的人可以更深入地了解滑雪，告别恐惧，从此爱上单板滑雪这项充满乐趣的运动。

对于每个单板初学者而言，掌控平衡十分重要，所以结合这一情况，郑天怡在了解普通滑雪单板的基础上，发明了一个新型智能滑雪板。他给滑雪板设计了平衡控制装置，让使用者感受到更安全、更轻松的运动体验。

郑天怡同学已经具备了体育精神式创新思维，体育精神强调追求更强，创新思维追求更新，二者结合就能探索更好的发明创造。

案例 76

多功能便携式市政清洁车

刘世骄

多功能便携式市政清洁车由刘世骄同学发明。刘世骄同学荣获第 15 届中国青少年创造力大赛金奖（参赛编号 2018151204），参赛时就读于山东省实验中学，现就读于青岛大学数据科学与软件工程学院软件工程专业。发明指导教师：罗凡华。

一、轻松发明方案

（一）发明名称：多功能便携式市政清洁车

（二）发明方案附图

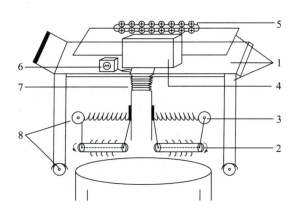

（三）发明方案附图各组成部分说明

各组成部分名称：1.不锈钢架构；2.带毛刷的传送带；3.弹簧；4.收集箱；5.带电导体棒；6.气泵电动机；7.伸缩塑料管；8.滑轮。

补充说明：本车将结构便携、搭配自动吸收、带电体吸引轻小物体的优势与伸缩增强容错的特性结合到一起，使发明简单、方便、实用。制作材料主要包含不锈钢材料、滑轮、毛刷、传送带、塑料管、气泵、木箱、通电后带正电的导体棒、弹簧等。功能作用是下部可清洁圆形下水道的淤积物，上部可吸附清理栏杆上的轻小灰尘。创新部分是可伸缩弹簧能保证容量，气泵自动吸取并收集污物，带电体吸引轻小物体，可伸缩塑料管便于深入下水道，车的整体为推车型结构，美观便携。

二、轻松发明方法

（一）创造法名称：优势拼合创造法

（二）优势拼合创造法原理

19 世纪的间谍需要通过录音窃取情报，而录音机容易被发现。在当时，拐杖特别普及，于是间谍们想，能不能将录音机与拐杖相结合呢？最终，他们成功地发明了录音拐杖。

录音机的功能是获得情报，但容易被人察觉，而拐杖的优点是普通，不易引起关注，将二者优势拼合，便有了隐藏的录音拐杖。

将多种事物的优势进行有机结合，从而创造出集多种事物优势于一身的新型结构或事物，使得事物原本的不足与劣势得到补足。

（三）优势拼合创造法应用要领

每个事物都有自身独特的优势，也有自身的不足之处，要细心思考，找到不同事物间的联系，让优势去弥补劣势，使产品趋于完美。

三、轻松发明思想

（一）发明家的思维模式

很多人分析出事物的优缺点后，总试图从原有事物出发，改变缺点，而这往往需要耗费大量的精力。这时应多放眼于身边事物，将它们与已有事物进行优势合并，以此产生发明构想，完成发明方案。

（二）发明家的行为模式

发明家应该从多方面、多角度来思考问题。比如，在现今市政清洁领域，下水道的清理工作大多由人力完成，现有作业机器不便于携带，栏杆也时常需要清理。应设计出一种全自动化，不依靠人力，便携易清理作业的多功能市政清洁工具。

（三）参赛者的发明梦想

希望发明一种多功能便携式市政清洁车，可以采用推车的造型，不仅美观且便携，还要拥有多种事物优势结合的新功能，比如，可伸缩的下水道清理装置，配有自动毛刷和污物收集装置，并在其外添加带电导体棒，用来吸引栏杆上轻小物体，方便实用，解放清洁人员。

（四）罗老师点评

发明家应该从多方面、多角度来思考事物，建立系统设计的思维。

刘世骄同学发明的这种多功能便携式市政清洁车，集多种优势于一身，其中的可伸缩下水道清理装置，配有自动毛刷和污物收集装置，并在其外添加带电导体棒，用来吸引栏杆上的轻小物体，方便实用，可极大地减轻清洁人员的工作量。

刘世骄同学具有整车设计体系思维模式，善于运用新技术解决问题，是一位有前途、有志向的创新人才。

案例 77

随机应变多功能轮椅

曲舒怡

> 随机应变多功能轮椅由曲舒怡同学发明。曲舒怡同学荣获第 15 届中国青少年创造力大赛银奖（参赛编号 201901074），参赛时就读于山东省烟台市龙口第一中学，现就读于上海政法学院英语专业。发明指导教师：罗凡华。

一、轻松发明方案

（一）发明名称："随机应变"多功能轮椅

（二）发明方案附图

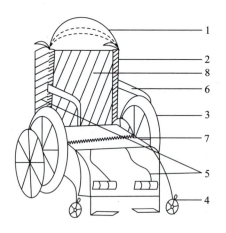

（三）发明方案附图各组成部分说明

各组成部分名称：1. 空气污染保护层；2. 风力发电板；3. 自动切换轮；4. 路况探测仪；5. 变形伸缩篮；6. 扶手控制器；7. 压力调整器；8. 太阳能光板。

补充说明：空气污染保护层采用纳米技术和光散射，运用丁达尔效应原理，测量空气中污染物的含量，评估空气质量，根据评估情况自动升降，调整空气保护层的高度，保证用户可以随时呼吸清洁空气，而省去在雾霾天气戴口罩等防范措施。轮椅前行时，带动风力发电板上微小扇叶振动，从而发电。自动切换轮有不同类型的车轮及转换器，可根据路况探测仪传输的信息及时切换，以减少用户改换路线时的危险和麻烦。路况探测仪的小轮胎可及时感知路况变化，再加上路况探测仪上有小型监视器，可及时观测前方是否有路障，并及时反馈。变形伸缩篮极大地扩充了轮椅的可利用空间，解决了常规轮椅无足够空间存放物品的弊病，根据不同物品的体积可调整存储空间大小。紧急按钮等各种需求都在扶手控制器上，以便用户根据自身需要设定轮椅，如遇突发紧急情况，轮椅可强行自动停止，并开启保护模式。根据用户的体重及身体部位，压力调整器使用户保持舒适状态，也可减少对地面的压强，从而减少车轮的损伤。太阳能光板连接着风力发电板、轮椅内部电池等，在不同天气情况下随意切换，尽最大可能节能保护环境，绿色出行。

二、轻松发明方法

（一）创造法名称：随机应变创造法

（二）随机应变创造法原理

首先，应用太阳能电池节能减排，并根据天气情况而"变"。其次，应用电学知识，根据按钮控制电路，依用户需求而"变"。第三，以牛顿三大定律及传统力学知识为基础，根据用户体重及个人情况而"变"。第四，以数学空间体积构形为根本，合理利用有限空间，使存储空间根据需求而"变"。

（三）随机应变创造法应用要领

① 应以更简单的理论为基础，设计出更易操作、功能更强大的产品；② 在能源方面采用太阳能电池，并重点要考虑产品怎样应对不同的实际情况，而不只是拘泥于一种固化的形态或功能；③ 如果按照常规只能制定其向上或向下，那我们不妨试试四面八方，应需而变。

三、轻松发明思想

（一）发明家的思维模式

我们目前学习的知识是固定不变的，而我们也只能在前人已有的基础上前行，那么对于发明创造而言，最重要的是变化，哪怕这些变化不合常理，但只要对人类有更大益处，就都可以拿来用。如果不变，一种产品就只能限于几种功用，而变化之后，产品能为人类产生更大贡献。发明者有多敢想，有多敢创造，就能有多大的贡献！

（二）发明家的行为模式

发明家首先要掌握各个领域的基本知识，遇到问题或新现象要大胆质疑，看看在不起眼的小细节面前能不能变出大世界。深入研究产品与外在环境变化的联系，各部分之间的关联，将各部分的变化联想到一起，从用户的需求、体验出发，调查并设计真正实用、可行的功能。

（三）参赛者的发明梦想

我设计的轮椅将不限于让残疾人可以再次行走的功用。当遇到楼梯、下坡路时，车轮依据地表崎岖程度而变，不用再费力搬运；当测量到空气污染程度较高时，该轮椅自动设置保护层；当天气阴晴变化时，发电方式在太阳能、风能、化石能之间随之切换；当有载物需求时，载物容积还可根据所载物体积进行变换。

（四）罗老师点评

在我们的轻松发明课上，每个学生经过 4 个小时的训练，就可以完成一个以上的发明创造，30 年来，我们累计培养了很多青少年发明家。

曲舒怡同学就是其中一位发明家，从这个发明创造中，可以初现其发明创造之才华，可以看到其创新思维与创新能力已经超出同年龄的青少年。

曲舒怡同学设计的这款轮椅，可根据不同路况使用不同车轮；当测量到空气污染程度较高时，可自动设置保护层；可根据天气阴晴变化，自动切换太阳能、风能、电能供电系统。

随机应变多功能轮椅的发明方案十分详细，清楚地描述了轮椅的工作过程与基本原理。

曲舒怡同学具有时代创新之精神，善于思考、勇于改变、敢想敢干、敢于创新！

案例 78

新型笔静纸动书写装置

王靖涵

新型笔静纸动书写装置由王婧涵同学发明。王靖涵同学荣获第 15 届中国青少年创造力大赛银奖（参赛编号 2018151240），参赛时就读于西安交通大学附属中学，现就读于西北大学本硕连读生命科学专业。发明指导教师：罗凡华。

一、轻松发明方案

（一）发明名称：新型笔静纸动书写装置

（二）发明方案附图

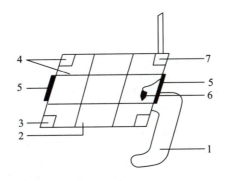

（三）发明方案附图各组成部分说明

各组成部分名称：1. 手臂安置区；2. 书写板；3. 传感器；4. 压纸条；5. 笔支架；6. 笔；7. 导线连控制中心。

补充说明：此款新型书写装置服务于手部活动不便者，应用核心是笔静纸动。使用者将书写内容输入控制中心，手握笔接触纸面时即可开始书写，装置解决了使用者书写困难的问题，即不需要手部的精细活动，静止握笔即可实现书写，让使用者体验书写的乐趣。而相较于打印机，本装置更加灵活，适用于多种书写材料，更具真实的体验感。

二、轻松发明方法

（一）创造法名称：转化对象创造法

（二）转化对象创造法原理

当发明者遇见问题时，不妨转化研究对象。推导公式不成立，可以转向等号等运算符号的研究；解决书写问题，让笔动不如让纸动。在事物研究难以突破时，不妨思考与事物 A 相联系的事物 B、事物 C 等，从而寻找新的突破点。

（三）转化对象创造法应用要领

① 明确发明体系的范围，有几个部分或构件，及其主体部分；② 去除主体，在配件中寻找可以改进的一个或多个对象，并逐一确立为新的主体；③ 将新主体之外的事物当作新配件，转化成功后，开始研究。

三、轻松发明思想

（一）发明家的思维模式

发明家应具有整体观察与平等观念，在发明过程中对每一个部分给予足够的关注，而不是一味在核心部分苦思冥想，亦应在其余方面寻求突破。

（二）发明家的行为模式

发明家应有果断的决策力，在构建好蓝图后立即付诸实践。遇到瓶颈时立刻加以修改，只有敢为人先，才可被称作发明家。

（三）参赛者的发明梦想

未来世界，服务业将冠以"无人"的称号，比如无人驾驶汽车、无人服务自助超市等，智能机器人的广泛应用将解放更多人的双手。

（四）罗老师点评

逆向思维也是一种创新思维，是发明家需要具备的能力之一。

王靖涵同学的逆向思维较强，在这个创新发明中，他打破传统思维定式，将笔和纸的任务颠倒，让笔静，让纸动。这种新型书写装置，可以服务于手部活动不便者。

王靖涵同学的发明告诉我们：要细心观察藏在生活中的奥秘，采用逆向思维，去探索、去总结、去发明。

案例 79

新型洗吹两用多功能吹风机

马铁诚

新型洗吹两用多功能吹风机由马铁诚同学发明。马铁诚同学荣获第15届中国青少年创造力大赛金奖（参赛编号2018150866），参赛时就读于山东省济宁市育才中学，现就读于国防科技大学计算机专业。发明指导教师：罗凡华。

一、轻松发明方案

（一）发明名称：新型洗吹两用多功能吹风机

（二）发明方案附图

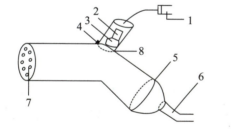
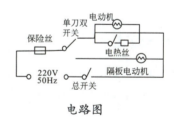

电路图

（三）发明方案附图各组成部分说明

各组成部分名称：1.电源插头；2.电路板；3.吹风电动机；4.开关；5.挡水隔板；6.水管（接热水器）；7.喷头；8.挡水通风板。

补充说明：通常人们都是先洗头发后吹干，操作麻烦耗时长。利用发散探究创造法可发现淋浴喷头与吹风机有共性，由此创造出洗吹两用吹风机。其主要制作材料有塑料、铜丝、橡胶等，功能作用是既可以洗头发，也可以吹干头发，具有实用性，创新部分是将淋浴喷头与吹风机巧妙结合。

二、轻松发明方法

（一）创造法名称：发散探究创造法

（二）发散探究创造法原理

在 20 世纪初，人们扣衣服大多还以纽扣为主。然后有一个人无意间发现将两本书的每一页依次重叠后，两本书就很难分离的现象继而由此发散到了人们当时最常用的衣服收束方式。后来，利用二者的共性他发明了拉链。如今拉链已成为我们日常生活中不可缺少的部分。

发散无疑是人类最重要的思维方式之一。利用发散类比等思想，将某事物的特性予以扩大推广，这将极有利于发明创造新事物，进而产生意想不到的效果。

发散探究，即研究相似的事物，相似的方法，相似的过程，相似的原理，通过发散由特殊到特殊，由特殊到一般，以实现将 A 的特性移植至有共性的 B 上，从而实现创新。

（三）发散探究创造法应用要领

设法将所有与 A 有关的事物列举出来，再逐个提炼出 A 没有的特性 n，然后将特性 n 与 A 融合，创造出新事物 B。可将一种特性与一种事物结合，也可用多种特性与一种事物结合。

三、轻松发明思想

（一）发明家的思维模式

发明家擅长利用发散思维，可以从一发散到多，从传统事物移接创新特性，利用发散思维可以联想到新事物，让旧事物发生与新事物的关联，进而使新事物的特性出现在旧事物上。

（二）发明家的行为模式

发明家要在符合客观条件的基础之上，利用多角度多方向的实验操作，实地测验新特性与旧事物是否兼容，进而发现并解决新的问题，实现可行的发散性的创造，进而成功对旧事物进行切实可行的创造。

（三）参赛者的发明梦想

我的发明梦想就是在发散探究创造法的基础上，兢兢业业切实可行地发明一些人们易忽视却实用的事物，进而可以使人们在生活与生产中更为方便，让发明的物品可以更好地解决人们遇到的问题与不便，让人们的生活更美好。

（四）罗老师点评

发明创造方案与数学竞赛答题的区别在哪里？数学竞赛答题是以正确答案为统一标准，而发明创造方案是以与众不同为成果，越创新，越能成为好成果。

　　发明家要在符合客观条件的基础之上，利用多角度多方向的实验操作，实地测验新技术与旧事物是否兼容，进而发现新的问题，通过可行的发散性的创造，进而成功对旧事物进行切实可行的改造。

　　马同学利用发散探究创造法，发现淋浴喷头与吹风机具有一定的共性，因此，创造出洗吹两用吹风机。既可以洗头发，也可以吹头发，将淋浴喷头与吹风机巧妙结合，具有实用性。

　　马铁诚同学具有很好的发散性思维，创新能力较强，如果能在发明创造的道路上，继续大胆研究与创新，将成为一位有影响力的创新型人才。

案例 80

冷热易温箱

葛 冰

冷热易温箱由葛冰同学发明。葛冰同学荣获第 15 届中国青少年创造力大赛银奖（参赛编号 201904007），参赛时就读于山西省实验中学，现就读于齐齐哈尔医学院药学专业。发明指导教师：罗凡华。

一、轻松发明方案

（一）发明名称：冷热易温箱

（二）发明方案附图

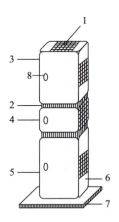

（三）发明方案附图各组成部分说明

各组成部分名称：1. 高密度隔热板；2. 温度传感及热量传输装置；3. 冷藏室；4. 加热箱；5. 冷冻室；6. 保温及热量传输装置；7. 集热板；8. 门把。

补充说明：本发明的灵感来源于普通家用冰箱与微波炉，两者一为冷藏（冻）保鲜装置，一为加热装置。冰箱的优势是能降温保鲜，但不具备加热功能；微波炉具备加热功能，但不具备保鲜环境。将二者融为一体可互相弥补。冰箱在冷藏或冷冻食物时将食物的热量转化到自身，形成热能储备，所述隔热板可有效防止热量散失，达到聚能效果，而中间的加热箱则通过这两个装置接收感应冷藏室及冷冻室储蓄的热量以助自身加热时使用，底部集热板可以从地面及周围环境吸收热量以助于加热箱的使用。

二、轻松发明方法

（一）创造法名称：优劣互补创造法

（二）优劣互补创造法原理

金无足赤，人无完人。万物都有其闪光的优势和可能会产生负面影响的劣势，有时优势中往往存在更大的闪光点，探究事物优势中隐藏的机遇很有可能会弥补它本身的劣势，以正代反或以正助反都可能减弱甚至消除它本身的缺陷，带来意想不到的有利结果。

（三）优劣互补创造法应用要领

① 全方位观察一件生活中常见的物件，列举出它的优缺点；② 找到它形成缺点的根本原因。③ 寻找它的优点中存在的可利用条件和可改进与发展的创造性的基本点；④ 在这些条件与基本点中寻求可弥补或消除其缺点的相关方法，并与缺点结合；⑤ 以正面弥补反面，从而创新。

三、轻松发明思想

（一）发明家的思维模式

很多人在思考事物的优劣性时，往往只看到了它的优势，并将其扩大成一种有应用价值的特性，但其实太过片面。发明家应该同时兼顾事物的劣势，并通过分析与设想，将优势与劣势有机地架构成一个整体，从而优劣互补，完成发明的方案。

（二）发明家的行为模式

发明家在发明物件时，不能只注重强调物件的"优"，还应该在原理及结构中多考虑劣势，劣势才是一个发明最大的克星，发明家应该全面考虑，顾及整体，使物体的每一部分结构都相互协调，相互配合，达到完整的结果。

（三）参赛者的发明梦想

21 世纪的某一天早晨，一位上班族准备用早餐时，发现自家的微波炉发生了故障，他从冰箱中拿出冰冷的食物发现完全无法下肚，无奈之下，他只好放弃早餐，后来他发现利用冰箱可以收集热量并达到加热的效果，于是他发明了冷热易温箱，生活从此方便了许多。

（四）罗老师点评

万物既有其闪光的优势，也可能会有产生负面影响的劣势，探究事物优势中隐藏的机遇很有可能会弥补它本身的劣势，以正代反或以正弱反都有可能减弱甚至消除它本身的缺陷，带来意想不到的发明成果。

葛冰同学的发明设想来源于常见的家用电器冰箱与微波炉。冰箱的优势是能降温保鲜，但不具备加热功能；微波炉具备加热功能，但不具备低温环境。若将二者融为一体，也许可以互相弥补。

葛冰同学具有发明家的特质，有一双敏锐观察的眼睛，有敢于探究发明的勇气，已有一定水平的创新能力。

案例 81

行车智能眼镜

周垚旭

> 行车智能眼镜由周垚旭同学发明。周垚旭同学荣获第 14 届中国青少年创造力大赛金奖（参赛编号 201816739），参赛时就读于山西省太原市山西现代双语学校，现就读于东莞理工学院应用化学专业。发明指导教师：罗凡华。

一、轻松发明方案

（一）发明名称：行车智能眼镜

（二）发明方案附图

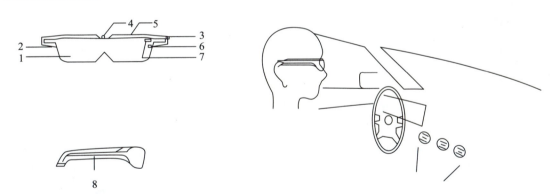

（三）发明方案附图说明：

各组成部分名称：1.防眩目抗疲劳镜片；2.传感器；3.蓝牙连接按钮；4.摄像头；5.投影仪；6.放松画面按钮；7.行车记录数据按钮；8.铝合金镜架。

补充说明：为避免驾车司机因视觉盲区引起行车中的碰撞，同时可实时监测与前车间距，特为此设计一款行车多功能 AI 眼镜。主要制作材料有钛合金、聚乙烯、液晶显示屏、纤维素酯等。功能作用是通过安在车保险杠上的传感器将行车数据（如前车距离）通过车内蓝牙，以投影形式呈现于前挡风玻璃处。创新部分是将摄像头与眼镜相结合，同时运用传感技术。

功能作用详解：摄像头可记录行车数据，并传送到与之相连接的蓝牙设备。司机在停车时，可点击放松画面按钮，在视觉前方形成如大海、森林等场景，可缓解疲劳。行车智能眼镜可同时与车身侧面下部的传感器相连，可透过车门看到车身侧边附近的物品，避免发生剐蹭。抗疲劳镜片可最大限度地减缓司机视觉疲劳，减少因疲劳驾驶而引起的车祸。

二、轻松发明方法

（一）创造法名称：联想发明创造法

（二）联想发明创造法原理

曾在兰博基尼公司任职的荷拉齐奥·帕加尼发现，碳纤维的应用让加热芯片的质量变轻许多，因此他设想能否将碳纤维应用于车身，以减轻车身质量提升车速。因此他发明了通过热压罐提炼高纯度碳纤维制造保险杠等零部件的方案，打造出了当时最快的跑车。

一定程度上，联想发明好比人与自然，人原本一无所有，在生活中不断发明创造，造就如今现代化的人类世界，联想发明无疑是人类进行发明创造至关重要的方法。

顾名思义，联想发明创造法是指发明者留心观察身边事物，将各个物件的优良品质相结合，选取能够承载此类优良品质的最佳物品。

（三）联想发明创造法应用要领

① 拥有一个全面的设计图纸；② 关注比例，比如严格控制长宽高之比；③ 再运用合适的材料，投身实践，令其有实在用途。

三、轻松发明思想

（一）发明家的思维模式

发明家通常具有举一反三的思维本领，可以通过一种事物拓宽联想到更多与之相关的事物，再经过整合与统计，明确市场需求或发明目的，最后经设计实验获得所想发明的物体。

（二）发明家的行为模式

发明家的具体工作多以动手操作和整理统计为主，并在多次实验过程中总结，在不断改良产品的过程中，既要注重品质又要控制成本，发明出更加适合大众的产品。

（三）参赛者的发明梦想

我是一名汽车爱好者，我关注汽车安全性能以及悬挂稳定性。我的梦想是能在未来改善汽车行车安全，想要发明出能在各类车中保障人身安全的仪器，以及改良多连杆式悬挂转向不灵的弊端，并设计出低成本、高品质的水陆两用汽车。

（四）罗老师点评

产品的销售者是产品的第一批用户，那么，销售者的需求是什么？销售者一定希望自家的产品比同行的产品要先进，功能哪怕多一个也有利于销售，"人无我有，人有我优"说的就是这个道理。

因此，当发明创造者选择一个产品作为设计对象时，可以从销售者的角度去思考如何改进产品。

现如今，汽车成了人们出行的主要交通工具。公路上车来车往，川流不息，为了消除各种安全隐患问题，提高行车安全性，周垚旭同学发明设计了一款行车智能眼镜，可以有效解决安全隐患。

通过详细的发明方案，可知周垚旭同学设计此发明时对汽车行驶的安全隐患做了详细的调查和分析，所以该发明设计的针对性很强。

该发明的用户群也可以扩展到骑自行车的人，让其在行驶中通过传感器能感知到对面汽车的行驶方向，这样因骑行引发的交通事故会减少很多。

周垚旭同学是具有销售思维的发明家，创造力与竞争力都很强，人们敬佩发明家，而周垚旭同学也将成为这个时代令人尊重的创新型人才。

案例 **82**

新型耳机与项链组合

吴雅涵

新型耳机与项链组合由吴雅涵同学发明。吴雅涵同学荣获第 15 届中国青少年创造力大赛银奖（参赛编号 201927258），参赛时就读于陕西省宝鸡市渭滨中学，现就读于广州外语外贸大学南国商学院旅游管理专业。发明指导教师：罗凡华。

一、轻松发明方案

（一）发明名称：新型耳机与项链组合

（二）发明方案附图

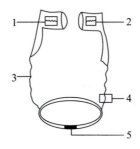

（三）发明方案附图各组成部分说明

各组成部分名称：1. 脑电波显示屏；2. 兴奋指数显示屏；3. 可伸缩耳机线；4. 小型麦克风；5. 皮肤敏感检测装置。

补充说明：左边耳机可随时进行对脑电波的监测，并将其显示在耳机表面。右边耳机可随时监测大脑皮层对听整首歌的兴奋程度，也可将其显示在耳机表面。兴奋程度高则证明喜欢这首歌。耳机线则是重要部分，通过连接左右耳机，对比并自动分析数据，若使用者产生困意，则自动播放较为舒缓的歌曲；若此时正为兴奋，则自动播放旋律较快的歌曲。同时，在耳机表面装有小型麦克风。听歌时总会有感而发，但有时却不方便记录，小型麦克风具有语言传感系统和记录功能。使用者可将此时的感想说给麦克风进行录制，在有条件的情况下进行播放和记录。耳机线为可伸缩的线，根据每个人不同的脖颈长度进行设计，下端连接形成一条项链，现代女性追求时尚，在戴耳机的同时也戴了项链。此项链因佩戴在脖子表面，可检测外界对皮肤的刺激，例如雾霾天气对皮肤的影响，此项检测功能极为重要，同时也可根据女性的不同要求对项链进行个性化外观设计。

二、轻松发明方法

（一）创造法名称：别具一格创造法

（二）别具一格创造法原理

通过对两种或多种元素的大胆结合，创造出新型的有利于人们生活的产品。在原有造型的基础上不断结合新元素，与人体相关联，同时也与我们的生活息息相关。

（三）别具一格创造法应用要领

① 在原有的基础上进行适当改进，在不方便的条件下提供方便与快捷；② 符合当前时代背景与环境的要求，创造出新颖的产品；③ 结合多种元素大胆进行设计。

三、轻松发明思想

（一）发明家的思维模式

通过对生活中常见物品进行创新，为生活带来更多的便利。例如，因近年来耳机是人们出门必不可少的东西，故对耳机进行深度改造，让其在适当的条件下发挥其更大的益处。

（二）发明家的行为模式

以耳机为例，将现有的耳机外形保持不变，在左边耳机增添检测脑电波的功能，在右边耳机增添检测听歌兴奋程度的功能，检测数据都显示在耳机表面。利用耳机线连接项链，项链可感知外界对皮肤的刺激程度，同时也可进行不同样式的转化与搭配。耳机线配有语音传感系统方便用语言记录。

（三）参赛者的发明梦想

通过对现有的一些普通用品进行合理化的改造，并因这些改造使人们的生活更加便利和美好，社会也因此变得和谐稳定。例如，我们可发明一个在等红绿灯的跳舞的扇子，红色显示灯可显示人们跳扇舞的样子。这样既可以减少人们闯红灯的行为，也为出行生活增添了乐趣。

（四）罗老师点评

发明创造的过程是智慧的结晶，是将创意的导出过程，如何将创意导出，是个难题。

吴雅涵同学的发明创造，就很好地解决了导出的问题。耳机是人们出门必不可少的东西，但是如果经常戴着耳机听音乐，音量过高，对耳朵就会造成伤害；同时，耳机也容易丢失。怎样弥补这些缺陷呢？于是，吴雅涵同学对耳机进行了深度改造，让其在适当的条件下发挥其最大益处。

生活处处有发明，只要热爱发明，生活中的任何事物都可以给发明家带来发明创造的灵感。

吴雅涵同学具有发明家的风范，发明创造方案十分详细清楚，原理描述十分正确。希望吴同学一如既往地进行发明创造，能够设计出更多符合潮流需要的发明，让人们的生活质量更上一层楼。

案例83

地震式发电机

董方辰

地震式发电机由董方辰同学发明。董方辰同学荣获第14届中国青少年创造力大赛铜奖（参赛编号2018271174），参赛时就读于陕西省西安市第三十八中学，现就读于西安科技大学高分子材料与工程专业。发明指导教师：罗凡华。

一、轻松发明方案

（一）发明名称：地震式发电机

（二）发明方案附图

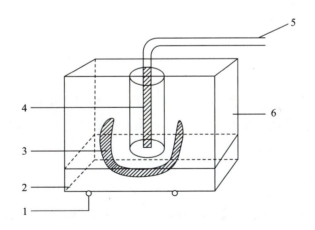

（三）发明方案附图各组成部分说明

各组成部分名称：1.轮子；2.能量转化器；3.磁铁；4.粗金属棒；5.电线；6.静电屏蔽装置。

补充说明：将地震释放的能量转化为电能，减少火力发电站的负荷。由于其他能源的能量也可转化为电能，则地震所产生的能量当然也有可转化为电能。其主要制作材料有橡胶、金属、磁铁，功能作用是发电，创新部分是用地震释放的能量发电。

二、轻松发明方法

（一）创造法名称：归纳总结创造法

（二）归纳总结创造法原理

有人假设如果通过收集地震所释放的能量，并将其转化为电能，则由地震得到的电能可供全球人民使用 100 年之久。同时，这台机器也将成功让世界化石能源枯竭向后推迟一个世纪。

在第二次工业革命之时，大多数工厂都采用发电机发电。而现在，更多的发电方法已问世。但是多数发电方法均对环境有严重危害。自然灾害对人们的危害虽然较大，但是它们可以释放大量能量，人类可以想办法将这些能量转化为电能。

根据现有的事物和已经发明出的机器进行合理地推进与类比，然后再进行假设。要对假设进行证明或实验，如果没有问题，则假设正确，发明可以完成，这就是归纳总结创造法原理。

（三）归纳总结创造法应用要领

① 要根据已有的事物来推演未知事物是否存在；② 再根据已知定理、公理做出合理假设；③ 寻找条件，做出证明；④ 设计、制造样品，再检测样品是否在各方面均已达标，再考虑是否予以推广。

三、轻松发明思想

（一）发明家的思维模式

发明家应该多思考、分析和总结。比如很多人都知道，能量可以相互转化，人类也因此发明了火力、风力、水力等多种发电机。地震也会释放大量能量。如果人类能收集每次地震释放的能量并将其转化为电能，也许就可以停止使用火力发电站了。

（二）发明家的行为模式

查询有关资料，记录数据，寻找多个经常发生地震的地方。同时，进行走访，调查火力发电站对全国各地居民的危害，还可以附加调查在各个地震中，人们在居民楼里的状况。

（三）参赛者的发明梦想

通过发明让世界减少雾霾、沙尘暴，同时转化自然能源供人们使用亿年，让人们都能过着衣食无忧的生活。而且让人们不再有生存和就业困难。

（四）罗老师点评

发明家一直在探索能量的转化与利用。地震释放的能量就很大，科学家也正在研究如何利用这些能量。有研究表明，汶川地震释放的能量相当于 5600 颗广岛原子弹爆炸释放的能量。由此可见，地震释放的能量是多么巨大。

董方辰同学发明地震式发电机，其目的正是想转化和利用地震释放的能量。

董方辰同学具备战略家的思维，发明家的逻辑，由他发明的地震式发电机的设想是先进的，因为在目前，如何收集由地震释放的能量是一个很前沿的重大课题。希望董方辰同学在大学生涯中能进一步研究、细化自己的发明创造，取得更多的成果。

案例 84

带有散发芬芳功能的智能手机

高一丹

带有散发芬芳功能的智能手机由高一丹同学发明。高一丹同学荣获第 15 届中国青少年创造力大赛金奖（参赛编号 201927216），参赛时就读于陕西省榆林市榆林中学，现就读于西安交通大学经济学专业。发明指导教师：罗凡华。

一、轻松发明方案

（一）发明名称：带有散发芬芳功能的智能手机

（二）发明方案附图

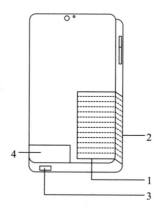

（三）发明方案附图各组成部分说明

各组成部分名称：1. 香液盒；2. 小孔；3. 控制按钮；4. 调控装置。

补充说明：此智能手机可通过调控装置感知手机屏幕上的画面，继而调控手机内部的香液盒调香，通过小孔散发出与画面场景响应的气味（只含香气），给人以身临其境之感，手机底部的控制按钮是控置此功能的开关。

二、轻松发明方法

（一）创造法名称：丰富功能创造法

（二）丰富功能创造法原理

任何事物都是逐渐发展、丰富并壮大起来的。观察身边事物，根据生活所需进而研究其不足之处，新事物便可能由此而产生。就像手机从只能打电话到还可以发短信，继而一步步发展至今，成了几乎包揽所有功能的生活必需品。丰富功能创造法正是通过不断丰富已有事物功能而创造出新事物的方法。

（三）丰富功能创造法应用要领

① 细致观察并实际应用已有物品，从中发觉其美中不足之处；② 带着创新的思维与略带质疑的态度去看待各种事物，从而激发灵感，并在此基础上创造出功能更丰富之物；③ 许多事物的功能已被开发几近完善，但亦可以在功能精细化方面进行创造。

三、轻松发明思想

（一）发明家的思维模式

我们每个人都被各种为我们提供便利的事物所包围，但发明家可以带着爱思考的头脑去研究所有事物的功用，从而从中挑选出个别在自己眼中不完美之物，并加以改造、升级和创新。

（二）发明家的行为模式

发明家应像鹰一样善用锐利的双眼与敏捷的身姿，他们应该随时感知生活中的一些不便利之处，以及所缺乏之物，继而进行思考与研究，通过查阅大量资料来了解自己可以改变与创新之处，积极动手操作来尽力实现自己的目标，不拖沓或寄希望于他人。

（三）参赛者的发明梦想

一日，天色阴沉，细雨绵绵，R 待在家中心情郁闷，随手翻看手机中的图片，尽是花红柳树却只见其美而难嗅其芳香。R 想，既如此她为何不自己在家中创造鸟语花香之境，于是便在家中喷洒了些许香水，并将内含香水的小盒粘在手机上，后来经过工程师的帮助，R 发明了可自主调节香气的手机。

（四）罗老师点评

发明家具有很好的联想能力，常常主动尝试将两个事物融合成一个新产品，令人敬佩不已。

高一丹同学发明的带有散发芬芳功能的智能手机，就是经由功能结合与细化之后产生的发明创造方案。

虽然该发明方案让手机具备了香味，但是其组合方式尚停留在初级水平，建议加上配套软件等控制系统。

高一丹同学已具备了很好的创新思维，比如引入奇妙功能，融合先进技术，并通过发明创造方案加以呈现，希望高同学能在将来成为发明创造领域的领军人物。

案例 85

户内外烟尘及小颗粒吸收器

申济源

户内外烟尘及小颗粒吸收器由申济源同学发明。申济源同学荣获第15届中国青少年创造力大赛金奖（参赛编号201927246），参赛时就读于陕西省榆林市榆林中学，现就读于南京邮电大学网络工程专业。发明指导教师：罗凡华。

一、轻松发明方案

（一）发明名称：户内外烟尘及小颗粒吸收器

（二）发明方案附图

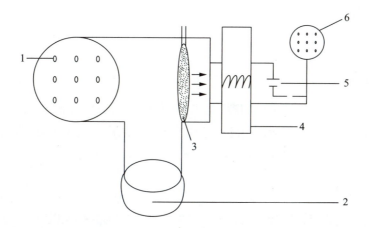

（三）发明方案附图各组成部分说明

各组成部分名称：1. 滤孔；2. 可拆废液室；3. 一次性滤膜；4. 吸入马达；5. 电源；6. 尘埃密度监测器。

补充说明：城市环境日益恶劣，空气质量堪忧，故设计上述产品，以期改善环境。主要材料与零件有滤孔及滤膜、可拆除废液室、马达及电源、尘埃探测器。主要工作原理是当尘埃探测器监测到环境中尘埃密度过大时，电源电路闭合，使吸入马达启动，将环境空气吸入吸收室中，小颗粒附着至一次性滤膜，而大分子物质如灰尘、烟尘等进入废液室。使用时，需隔几日将滤膜进行更换并将废液室中的废液清除并重新安装复位，在户内外使用时都需接通电源装置。

二、轻松发明方法

（一）创造法名称：环境重置创造法

（二）环境重置创造法原理

不同事物在不同环境下可产生不同作用。将观察到的事物或已有的发明在重置后的环境下（如日常生活、野外、河流）进行比对分析，使其在变化形态、结构或工艺上产生新的作用从而适应更广泛的环境。将已存在于自然、生活中的自然景象或人类制造重新设计。

（三）环境重置创造法应用要领

① 将自然存在或其他领域已有的发明重塑化，产生适应某些环境下的具有"环境适应性"的新发明；② 处在某一环境或某物前，联想其在其他方面的可用性；③ 表达式：A（环境 1）=A1（环境 2）

例：湖→饮水机、路灯→服装、扫地机→除 $PM_{2.5}$ 器。

三、轻松发明思想

（一）发明家的思维模式

发明家的特别之处在于他们能够进行独特的发明创造。这种发明与创造的思维是发明家对自身所处的环境和物质条件进行精确定位与认识后产生的。这种思维模式的产生是由于发明者总想谋求更全面或更适合自身生存的并能推广至社会环境的变革或改良性思维。

（二）发明家的行为模式

当发明构想产生后，发明者往往会主动了解相关方面的更广阔的知识以对自己的发明创造进行适用度和便捷性评估。在发明产品初步形成后，发明者将其投入模拟现实实验中使用，在使用过程中继续对产品进行改进并逐步优化其功能以达到设计目的和使用目的。

（三）参赛者的发明梦想

海森堡在验证质子碰撞学说的过程中发现一个有趣的现象：用不同类型材料做导体，通电时，所消耗的电能不同，且他发现同一导体在不同温度环境下的电传导能力也不同。因此，根据这一有趣现象，他进行了多次实验，探究其变化规律，终于在多年之后他发现了特殊温度下的超导材料。我也希望我在发明的路上也能遇到并发现新事物。

（四）罗老师点评

发明家之所以与一般人有所不同，主要在于他们能够进行独特的观察和思考，并发明创造出另一种新颖的产品。只要我们观察事物时，具有发明家一样的视角和思维，也有可能形成自己的发明。

由申济源同学设计的户内外烟尘及小颗粒吸收器发明方案，就是他认真观察和思考的结果。户内外烟尘及小颗粒吸收器的设计亮点是滤膜可更换，废液室清理并重新继续使用。

申济源同学的这项发明通过对污染物的吸附，净化了空气，让人们周围的空气质量获得了提升，是一项很有创意的发明，也是申同学创新能力的表现。创新精神十分可贵，为申济源同学点赞。

案例86

医 用 手 环

张梦然

医用手环由张梦然同学发明。张梦然同学荣获第15届中国青少年创造力大赛金奖（参赛编号 201927263），参赛时就读于陕西省西安市第三中学，现就读于西安医学院临床医学专业。发明指导 教师：罗凡华。

一、轻松发明方案

（一）发明名称：医用手环

（二）发明方案附图

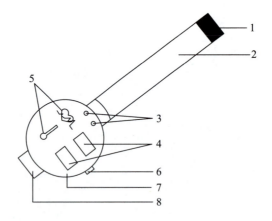

（三）发明方案附图各组成部分说明

各组成部分名称：1. 磁铁；2. 铁制表链；3. 指示灯；4. 示数器；5. 体温、心率图标；6. 按钮；7. 表盘；8. 铁环。

补充说明：病人有胖有瘦，表链可穿过圆环由磁铁固定以调节表链长度，从而让每一位病人的手环粗细都适合他们自己。医院现在每天都要查房，统计病人的体温、心率，但是利用传统的体温计、血压计测量，速度十分慢。如果每位病人都有一个如图所示的可以测体温、心率的手环，统计过程就会非常便捷，节约时间。手环可以实现实时监控体温与心率，若正常，则显示绿灯，若某一项数据异常，则红灯亮且同步发送信号到护士站，从而实现在第一时间救治病人。如果觉得示数不准，可按压按钮进行再次测量。

二、轻松发明方法

（一）创造法名称：观察生活创造法

（二）观察生活创造法原理

　　研究生活中出现的现象、问题、物品等，看看哪些具有创造性的意义。发明来源于生活，新事物也来源于生活。同一个人在不同生活环境下，会产生不同的问题，如果对那些"怎么会这样"的想法进行深入思考，或许会从中发现新的原理、方法、工艺、结构等，从而创造出新的事物。这就是观察生活创造法。

（三）观察生活创造法应用要领

　　① 找到生活中出现的问题并进行研究；② 把同一事物在不同环境中的不同效果进行对比，找到不同点或共性；③ 许多现象已经得到解决，思考是否具有改进的空间。

三、轻松发明思想

（一）发明家的思维模式

　　许多人在遇到生活中的麻烦或不愿意做的事的时候，只会说"我不想这样"。而发明家在遇到问题时，会积极思考解决问题的方法与途径。他们会利用这种问题去进行研究，并设法产生发明构想，完成发明方案。从而将不利于他们的条件转化为有利条件，最终解决问题。

（二）发明家的行为模式

　　发明家应该像探案或警察一样，具有敏锐的感觉和开阔的思维，及时抓住生活中的小现象，广泛、深入地思考、研究，直至找到答案。一些发明家在看到一个现象时，会联想到好几个现象，以及和现象有关的问题。对这些相关问题进行深入分析，有助于设计出更加全面的发明。

（三）参赛者的发明梦想

　　我在一次课外阅读中了解到有不少人在开车遇到紧急状况时，误将刹车踩为油门，酿成悲惨的后果。我通过调查发现，人们踩刹车的速度一般比油门快（紧急情况下）。于是，我希望利用这一发现，发明一种速度与力度传感器，当踩油门的速度十分快时，汽车就会紧急制动。这就是我的发明梦想。

（四）罗老师点评

发明创造作为一种成果，可以申请世界各国的专利，可以参评世界各地各类的发明创造奖。无论参评哪种奖项，其评价标准都是一样的，都要求具备新颖性、创造性和实用性。

专利的申请，就像一个人申请身份证一样，只要具备几个基本条件，就可以颁发身份证了。专利申请也一样，只要具备相关基本条件，就可以授予对应的专利。所以，专利既可以是简单的挂钩专利，也可以是复杂的汽车专利、高端的人工智能专利等。

张梦然同学发明的医用手环，虽是一个较为简单的发明创造，但其创意十分独特，能够解决具体的医务问题。

张梦然同学是具有创新精神和创新能力的人才，她的发明创造设计理念体现了人文关怀，这不仅能让患者的心情变好，也有利于患者康复。一个小手环，代表着医患一家亲，让社会更和谐。

案例 87

自由组合式多功能购物车

江易扬

> 自由组合式多功能购物车由江易扬同学发明。江易扬同学荣获第15届中国青少年创造力大赛金奖（参赛编号201927080），参赛时就读于陕西省西安市铁一中学，现就读于中国科学院大学物理系。发明指导教师：罗凡华。

一、轻松发明方案

（一）发明名称：自由组合式多功能购物车

（二）发明方案附图

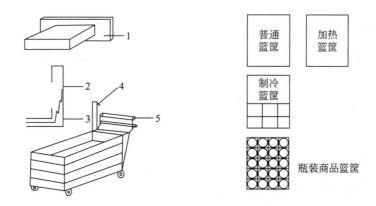

（三）发明方案附图各组成部分说明

各组成部分名称：1.可替换篮筐；2.卡槽；3.内置电池；4.挂衣钩；5.刹车。

补充说明：本改良产品主要体现了"自由组合"与"多功能"，顾客可在超市门口选择自己想选择的推车。可替换篮筐分别用于加热保温、冷藏冷冻、瓶装产品，等等，可以方便顾客收纳装载不同类型的商品，避免损坏。此外，该购物车还带有大部分商场均使用的刹车及挂衣钩。购物车侧边可打开，用以更换不同功能的篮筐。

二、轻松发明方法

（一）创造法名称：应需改良创造法

（二）应需改良创造法原理

　　发明的作用应是解决人类面临的问题与需求。因此，我们可以从结果出发，以我们的需求来考量发明创造的方向，通过不断地改良来解决我们遇到的问题。改良的积累将会产生质的飞跃。每一次改良都是创造，每一次创造积累起来，就会得到全新的产品或系统的技术方案。

（三）应需改良创造法应用要领

　　① 从新产品或技术的功用出发，"执果索因"；② 该创造法是由需求或问题作为起始，由此起始提出的问题要切入实际，要能改良现状；③ 该创造法很像数学推理，若已知 A，求证 B，我们可以以 B 为条件推出 C，如果 A 是 C 成立的充分条件，由此得证。

三、轻松发明思想

（一）发明家的思维模式

　　发明家应有大胆而超凡的天马行空的思维模式，要敢于胡思乱想，善于联想与想象。人只能做到自己能想到的事，而大胆的猜想往往能让我们踏入未知却能想象的领域，发明创造活动正是探索未知的活动，因此发明家的思维应该能触及甚至包括未知的领域。

（二）发明家的行为模式

　　大胆猜想之后，在得出结论这一步可要慎之又慎，要提前考虑一切可能的影响因素，要对每一项都进行了严谨的探究后才能得出结论。认真、细致、周全是每个发明家应有的能力与头衔。发明家创造的是未知的东西，在面对未知时应保有充分的严谨态度去考量。

（三）参赛者的发明梦想

　　我想发明一件能在四季都能穿的轻薄的衣服。冬季能阻止散热，同时可以自主调节温度，维持人们的正常体温，而夏季则可以防止吸热过多，同时起到类似汗腺的作用，协助皮肤散热。

（四）罗老师点评

　　发明创造往往以巧妙取胜，比如通过细分用户需求就能获得创造灵感，运用发明家的思维模式与行为模式，就可以设计出一项优秀的发明创造方案。

　　江易扬同学通过仔细观察，发现购物车是各个超市的必备品，人们在超市推着购物车购物，既方便，又快捷。但是，购物车仍有改进的空间。因为每个人的购物需求不同，商品大小不一、形状各异，有的还需要保温或冷藏。如何解决这些问题呢？

江易扬同学发明的自由组合式多功能购物车，就有望解决以上诸多问题。自由组合式多功能购物车其设计主要体现在"自由组合"与"多功能"，可替换篮筐类型丰富，可以依据商品的不同，选择普通篮筐、制冷篮筐、加热篮筐、瓶装篮筐等。建议在设计方案中加入人工智能化芯片，让带宝宝的家长手拿遥控就可以指挥购物车前进、后退、拐弯等，不用耗费人力推车。

江易扬同学具有发明家的基本特质，已经掌握了发明创造的基本规律。发明创造对于江易扬同学而言，已是一件特别有趣的事情，在其未来的发展之路，江同学的发明创造一定会发挥关键作用，助江同学成功。

案例88

不一样的眼镜

王芙榗

不一样的眼镜由王芙榗同学发明。王芙榗同学荣获第 15 届中国青少年创造力大赛金奖（参赛编号 201927039），参赛时就读于陕西省西安市西安铁一中滨河学校，现就读于西北工业大学能源动力专业。发明指导教师：罗凡华。

一、轻松发明方案

（一）发明名称：不一样的眼镜

（二）发明方案附图

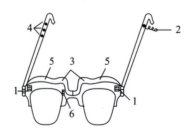

（三）发明方案附图各组成部分说明

各组成部分名称：1. 高效太阳能板；2. 小型耳机；3. 信号接收器；4. 按钮；5. 伸缩屏；6. 芯片。

补充说明：为了方便通话，故将眼镜与手机结合在一起。在镜框的前端装有两个高效太阳能板，为系统充能，而眼镜平时常处于日照中，充能方便。在两枚镜片前端各有一个伸缩屏，可根据视频通话需要收放。在镜框上方装有信号接收器，确保通话时的信号流畅。在左侧镜腿上装有小型耳机，通话时方便取用。右侧镜腿上有控制按钮，控制"接通""挂断""开关机"等。在镜架内部是对应的电线线路与芯片，以确保系统的正常运作。

二、轻松发明方法

（一）创造法名称：改良填充创造法

（二）改良填充创造法原理

任何事物的发明都有其目的，正如大千世界的五彩缤纷。那么，能否在已有事物的原有基础上根据所需进行填充，根据不足进行改良呢？当然可以，而且还能通过这种方法以达到删繁就简，集众家之长于一身的效果。这正是改良填充创造法原理。

（三）改良填充创造法应用要领

① 要勤思考、善发现，生活中的物品、技术可能或多或少都有让人不满的地方，要敏锐地捕捉这些"不满"，而非任其流走；② 要多动手、善总结，发现问题后要积极解决，尝试能否按照自己的期待来"改良填充"，并不断总结在尝试的过程中积累的经验，为后续的成功打好基石。

三、轻松发明思想

（一）发明家的思维模式

当很多人都在使用同一项技术时，发明家应该主动去发现这项技术的不足之处，当前技术与自己的期待有何差距，并按照自己的期待设计改良方案，不断尝试改进，完成发明方案。

（二）发明家的行为模式

发明家应像侦探一样留心观察生活，细致而且深刻。发现问题是发明的前提，观察要细致才能发现问题，观察要深刻才能提出方案。倘若只有观察没有方案，你认同吗？只有在细致深刻地观察后，加上自己的发现、思考与具体方案才能取得大家的认同。

（三）参赛者的发明梦想

苏珊本来跟她的中国发明家好友王芙榛约好在今天下午进行视频通话，结果却发现自己的手机没电了，而身边又没有充电器，最终与好友王芙榛失约。第二天，苏珊联系王芙榛并解释了原因，王芙榛听了之后却是眼前一亮，于是赶忙把自己的想法付诸实践，发明设计了"不一样的眼镜"。

（四）罗老师点评

发明家要关注产品生产过程中的发明创造。例如一个汽车配件公司发明了一个汽车配件，并为整车制造公司配套供货，这种配件发明创造往往不被人们重视，但却需要在深入生产制造过程中，深入研究，反复试验，方可产生有价值的发明创造。

发明家不仅要关注工业产品的发明创造，更要关注大众消费品的发明创造，而且需要一个巧字。

王芙榛同学发明的不一样的眼镜就很巧妙，其主要结构由高效太阳能板、小型耳机、信号接收器、按钮、伸缩屏、芯片等部分组成，这项发明正是为了方便使用者通话，将眼镜与手机结合在了一起。

王芙榛同学具有颠覆型创造发明思维，她的发明方案将有效解决一般眼镜佩戴者的问题，这款不一样的眼镜的发明方案若能转化为商品，一定会很受欢迎。希望王同学在未来的发明创造上更上一层楼，成为国家栋梁。

案例89

新型声波测距手表

年炳儒

新型声波测距手表由年炳儒同学发明。年炳儒同学荣获第15届中国青少年创造力大赛金奖(参赛编号201927022),参赛时就读于陕西省西安铁一中滨河学校,现就读于西安科技大学建筑学专业。发明指导教师:罗凡华。

一、轻松发明方案

(一)发明名称:新型声波测距手表

(二)发明方案附图

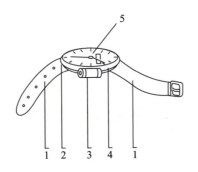

(三)发明方案附图各组成部分说明

各组成部分名称:1.手表表带;2.声波接收装置;3.超声波发射器;4.表盘(内含电源);5.测量结果显示器。

补充说明:本发明将声呐装置与手表融为一体,使之成为一个集计时与测距为一体的多功能产品。声呐装置利用超声波回声定位的方式完成短程(0~50米)测距的功能,使短程测距更加方便。其工作方式为手表左侧的超声波发射器发射超声波,超声波在接触待测物体后反射,被声波接收装置接收,从而测出距离,并最终显示在表盘表面的显示器上。

二、轻松发明方法

（一）创造法名称：自由组合创造法

（二）自由组合创造法原理

将几个事物或原理进行组合，提高一个物品的使用效率，增多使用功能，可以简化人们生活所需的物品数量，达到高效、简约的效果。将已有的事物重新组合一直是发明的优秀方法，内燃机的发明正是基于此理。

（三）自由组合创造法应用要领

① 学会选取相互合适的事物进行组合；② 有许多事物功能单一，适当增添可以达到更加完善、方便的作用效果；③ 表达式"1+1 > 2"表达一个事物与另一个事物的巧妙组合会让结果大于"2"，说明巧妙的组合之后可以达到更好的效果。

三、轻松发明思想

（一）发明家的思维模式

很多人仅仅习惯于"使用"，而发明家应该在"使用"的同时，思考自己正在使用的这些工具可以通过什么样的方式进行有机组合，让其形成一个多功能工具。

（二）发明家的行为模式

寻找多种工具进行尝试组合，以实用性为原则，寻求更优的组合方式，以达到更好的使用效果。也要注意受众人群，选择适合他们的方案，切忌功能冗余。

（三）参赛者的发明梦想

人们在测量短距离时，受空间与工具的限制往往选择目测或步测，但这样的测量结果误差很大，我认为人们需要一个能进行短距离测量的简便装置来解决这个问题。因此我设计了这款"新型声波测距手表"。

（四）罗老师点评

发明创造促进工业微电子技术的进步，微电子技术的进步也反过来促进发明创造迭代升级，给产品赋予更多的功能。

年炳儒同学发明的新型声波测距手表就是从石英表、机械表的组合中脱离出来的。它将声呐装置与计时手表融为一体，使之成为一个集计时与测距为一体的多功能产品。声呐装置利用超声波加回声定位的方式完成短程测距（50 米及以内）的功能，使短程测距更加方便。还可以把声波测距手表推广给盲人，让其感知日常生活遇到的各类近距离障碍，以方便他们的生活。

年炳儒同学具有系统的创新思维，高昂的发明热情，希望年同学继续保持积极的创造力心态，在愉快的环境中，做出更优秀的发明。

案例 90

新型儿童姿势矫正笔

霍雨佳

　　新型儿童姿势矫正笔由霍雨佳同学发明。霍雨佳同学荣获第 15 届中国青少年创造力大赛金奖（参赛编号 201927018），参赛时就读于陕西省西安市铁一中学，现就读于北京外国语大学西班牙语商务专业。发明指导教师：罗凡华。

一、轻松发明方案

（一）发明名称：新型儿童姿势矫正笔

（二）发明方案附图

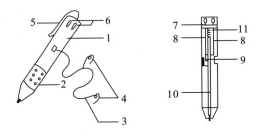

（三）发明方案附图各组成部分说明

　　各组成部分名称：1. 树脂笔杆；2. 硅胶握笔套；3. 弹性绝缘导线；4. 软别针；5. 连盖笔杆夹；6. 按动头；7. 压弹簧板；8. 导线；9. 拉力感受器；10. 两支笔芯；11. 弹簧。

　　补充说明：这款新型儿童姿势矫正笔，不同于市面上的红外线感应款和普通拉绳款。其在拉线（图标 3）中部加了一个软别针，可以将笔固定在手臂胳膊的中间处，末端的软别针则可固定在衣领上，贴合人体，不会影响视线，拉线也不会在使用时打圈缠乱。当使用者别上软别针并按动按动头时，接通电源线路，引发传感器工作。当使用者的身体前倾超过 30° 时，拉力值减小到临界值，电流增大，传感器反馈给导线，引起按动头自动弹出，压弹簧板上移，笔芯收回，达到防止使用者与书桌距离过近而造成的姿势不正确，从而达到防止近视的目的。同样，使用者身体后斜超过 30° 时，拉力值不断增大，电流过于小，按动头处的导线停止工作，笔芯同样收回。这款笔手感舒适，能防止前倾后斜，导线安全不易断，是一款新型儿童姿势矫正笔。拉力感受器的阻值与拉力大小成正比。两支笔芯位于拉力感受器的左方和右方，可替换使用。换芯时，直接打开图标 5 的盖子，抽出笔芯进行更换即可。

二、轻松发明方法

（一）创造法名称：联想生物创造法

（二）联想生物创造法原理

　　创造离不开联想。当我们仔细观察自然界已有的生物和物质时，我们的联想便是一种再创造。红外线传感器的灵感来源于夜视动物的眼睛，鸟巢、蜂型房则是根据动物巢穴联想到的设计方案。生物进化的优胜劣汰，对生物功能的利用、联想，把生物功能附加到平日的用品中，这就是联想生物创造法的原理。

（三）联想生物创造法应用要领

　　① 从已有生物物质的特点去研究，例如，蝙蝠与雷达系统，电鳗与自体发电系统；② 找到生物的缺点，想想能不能改进后为人类所用；③ 生物功能 + 联想 + 技术 = 仿生产品。

三、轻松发明思想

（一）发明家的思维模式

　　发明家思考时，应采用"头脑风暴"法，先在短时间内生产大量方案，再细选择优。这种发散思维有助于方案数量快速增加，充分利用人类短期跳跃性思考的优势。而在思考后的再审阶段则有助于提升思维效率，过滤重复、无用的方案，从而达到质量、数量双赢的效果。

（二）发明家的行为模式

　　发明家应在研究时扩大"可知度"，即能够理解并运用这一发明的人数比例。或许年轻人不愿使用过于低端简化的产品，而过度复杂、科技含量过高的产品又难以普及到平常百姓家。因此，研究时应注重研究的适用人群、力求年龄段的扩大，以确保更多的人享受到新发明带来的便利。

（三）参赛者的发明梦想

　　我最想发明的是可触式视频通知。有时父母出差，只能通过视频和我聊天，如果能将视频的像素转成压力值，并用 3D 全息技术投影映射出来，那么即使分隔两地的人们也能触碰和拥抱，甚至共同拿着一本书来阅读或一起相拥自拍，让科技化作家人团聚的桥梁。

（四）罗老师点评

创造离不开联想。可以采用"头脑风暴"法，先在短时间内生产大量方案，然后再择优细选。这种发散思维有助于方案数量的快速增多，能够充分利用人类思考的跳跃性。思考后的再审阶段则有助于提升思维效率，过滤重复、无用方案，从而达到发明方案质量与数量双赢的结果。

当下最让家长和教师发愁的是孩子的坐姿。坐姿不正确就会影响孩子的成长和发育。霍雨佳同学发明的新型儿童姿势矫正笔正是为了解决这一问题。新型儿童姿势矫正笔由树脂笔杆、硅胶握笔套、弹性绝缘导线、软别针、连盖笔杆夹、按动头、压弹簧板、导线、拉力感受器、两支笔芯、弹簧几部分组成。

其设计亮点在于两支笔芯位于拉力感受器的左侧和右侧，可替换使用。

霍雨佳同学具有大众消费品的设计理念，创造力较强，其产品设计水平高，是新时代的优秀创新人才。

案例 91

多 功 能 防 身 笔

赵若霖

> 多功能防身笔由赵若霖同学发明。赵若霖同学荣获第 15 届中国青少年创造力大赛金奖（参赛编号 201927032），参赛时就读于西安交通大学附属中学，现就读于北京师范大学国际经济与贸易专业。发明指导教师：罗凡华。

一、轻松发明方案

（一）发明名称：多功能防身笔

（二）发明方案附图

（三）发明方案附图各组成部分说明

各组成部分名称：1. 按钮；2. 防身喷雾瓶；3. 报警器开关；4. 纽扣电池报警器；5. 强光源；6. 光源按钮；7. 铜制笔身；8. 铜制尖头笔帽；9. 黏性便笺纸条；10. 拆卸处。

补充说明：光源、报警器均使用纽扣电池，可通过电池换新实现重复使用。可通过拆卸处换笔芯。便笺纸为亮荧光黄，便于在暗处被发现。用完后可替换上新的荧光便笺纸。笔身灰黑，不易引起坏人注意，可达到突袭的奇效。笔长不超过 20 厘米，笔杆直径约 1.5 厘米。

二、轻松发明方法

（一）创造法名称：异项合并创造法

（二）异项合并创造法原理

看上去功能各异、互不相干的事物，可以通过组装拼接的方法将其合并成一个有机整体。各组分间相互联系，既能使整体的应用价值大于各部分之和，又兼具各部分的优点。发明者不能只着眼事物的表面形象，要看到许多生活中常见的事物经过组合之后，往往会产生新的功能。

（三）异项合并创造法应用要领

①从不同事物的结构、功能等方面寻找联系，进行结合创造；②以方便实用为要旨，不可一味追求组合的数量，组合后的事物应给人们带来更多便利而非麻烦。

三、轻松发明思想

（一）发明家的思维模式

发明家应该像侦探一样善于分析并联系不同的事物。对已存在或常见的事物，发明家应该思考其实用价值是否已达到最大化，挖掘其潜在的可能性，并借不同事物的特点去联系事物的相同之处，完善自己的设计构想，从而完成发明创造。

（二）发明家的行为模式

发现并提出问题是设计发明的重要前提。寻找问题需留心观察生活，对已存在的事物要敢于提出质疑或抒发自己的观点。如对一个饮水机，发明家可以从容量能否扩大，所占空间能否缩小，外形可否改变，可否附加新功能等多个角度提出问题。此法有助于激发灵感，提高发明创造的可操作性。

（三）参赛者的发明梦想

女子与儿童往往容易成为被侵害对象，因为他们的自我保护能力相对较弱。我希望能给弱势群体发明一个小巧便携的防身工具。该工具综合了以往防身工具的各个功能，且简单易使用，这无疑将为弱势群体的出行增加更大的安全保障。

（四）罗老师点评

发明创造具有当问题提出后，解决方案随之一并产生的特点。知道起点就能找出终点，所以问题的提出十分珍贵，发明创造鼓励人们提出问题，并给出解决方案。

赵若霖同学发现笔不仅可以用于书写，还可以用于人身安全的保护，于是发明了这款多功能防身笔，达到一物多用的效果。

　　本发明创造设计有按钮、防身喷雾瓶、报警器开关、纽扣电池报警器、强光源、光源按钮、铜制笔身、铜制尖头笔帽、黏性便笺纸条、拆卸处等组成部分，结构合理、功能明确。

　　本发明创造还给笔赋予了光源和报警器，具有一定的创新价值。

　　赵若霖同学具有一定的创新能力，能够独立完成发明创造设计、图纸绘制、简要说明。凡事只要学会了，就可以发展了，学会了发明创造，就建立了创新思维模式，这将有利于发明人在学业上和事业上取得巨大的成功。

案例92

带发电装置的自行车

王一凡

> 带发电装置的自行车由王一凡同学发明。王一凡同学荣获第 15 届中国青少年创造力大赛银奖（参赛编号 201927017），参赛时就读于陕西省西安中学，现就读于陕西师范大学思想政治教育专业。发明指导教师：罗凡华。

一、轻松发明方案

（一）发明名称：带发电装置的自行车

（二）发明方案附图

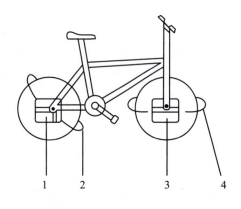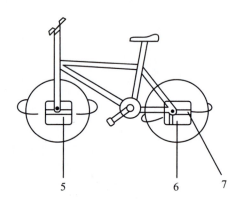

（三）发明方案附图各组成部分说明

各组成部分名称：1. 后轮发电机；2. 输电线；3. 前轮发电机；4. 输电线；5. 前轮蓄电池；6. 后轮蓄电池；7. 加固装置。

二、轻松发明方法

（一）创造法名称：联系创造法

（二）联系创造法原理

事物是普遍联系的，一些看似乎不相关的事物，经过人们主动地关联后，或许会产生奇妙的结果。研究事物间相通的特点、相似的结构、相似的现象、可拓展的领域等，都可能会产生创造性的新点子。新事物也可以是旧事物之间新关联的产物。

（三）联系创造法应用要领

① 设法联系已有事物之间相似特点或加入新特点，实现创造的目的；② 突破限定在某一范围的想法与固有思维模式，大胆联系与创造。

三、轻松发明思想

（一）发明家的思维模式

发明家应该看到物品的整体与局部每个值得关注的细节，包括其功能与状态，发挥主观能动性，并研究物体可联系、拓展的方面，设法产生发明构想，完成发明方案。

（二）发明家的行为模式

发明家应越挫越勇，机敏且坚韧。实验是对认识进行验证的基础，而实现新发明之前的实验往往是漫长与痛苦的。为了获得新发明或更准确的数据，应不断地分析总结、主动尝试、积累经验，这都将有助于新发明的完成。

（三）参赛者的发明梦想

无线电通信技术的发展使信号可以无线传输。那么可不可以将这项技术更广泛地应用于输电领域，使电力传输可以像信号一样实现无线传输。

（四）罗老师点评

发明创造的成果中，与电相关的有很多，这是为什么呢？自从尼古拉·特斯拉发明交流电系统以后，电力得到广泛应用，因此，交流电系统的发明被称之为原创设计和原创发明。一个原创发明的生命力是否旺盛，取决于其应用是否广泛，是否可持续。发明家都希望自己的发明创造成为原创发明，从而影响深远，造福人类。

本发明创造属于应用发明，是带发电装置的自行车，包括后轮发电机、输电线、前轮发电机、输电线、后轮蓄电池、前轮蓄电池、加固装置等组成部分，其结构设计基本合理，主要功能是发电。

王一凡同学具有应用发明能力，值得鼓励和点赞，但要想设计出原创发明，还需要深入研究基础理论，才有可能在技术领域取得颠覆性进展，造福人类。

案例 93

能穿上身的被子

许霁松

> 能穿上身的被子由许霁松同学发明。许霁松同学荣获第 15 届中国青少年创造力大赛金奖（参赛编号 201823452），参赛时就读于四川省泸州市天立学校，现就读于北京邮电大学电子工程学院电子与通信工程专业。发明指导教师：罗凡华。

一、轻松发明方案

（一）发明名称：能穿上身的被子

（二）发明方案附图

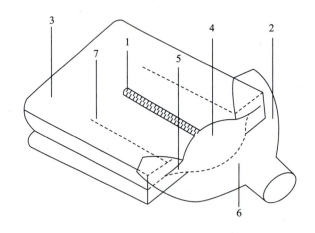

（三）发明方案附图各组成部分说明

各组成部分名称：1. 连体被子拉链；2. 保暖被袖；3. 被子；4. 使用者穿衣开口；5. "汉堡式"夹层；6. 保暖棉衣；7. 使用者活动区域。

补充说明：被子穿至颈部，有效保暖；袖口有被袖，伸出手臂不怕冷；被子与身体呈"汉堡"式夹层状，避免活动时"吸风"；被子装有拉链便于穿、脱。制作材料主要有棉被、棉衣。功能作用是在床上伸手或起身活动时能持续保暖。创新部分包含"衣被合一"，人被置于"袖子"夹层之中防"吸风"效应，使用者背部被覆盖保暖。

二、轻松发明方法

（一）创造法名称：睡衣被子创造法

（二）睡衣被子创造法原理

寒冬腊月，我自己在没有暖气的房间里蜷缩进被窝，为打发无聊，以豁出生命的勇气，忍着冰冷从被窝中伸出手臂玩手机。有时上半身冻得僵硬，甚至发紫……寒冷中的我要是拥有一件连体的被子来保暖，手就不再会冷。于是，我开始设计新发明。

现在的青少年已经离不开手机，哪怕躺在床上也要露出上身，被冻得冰冷也无法阻挡这份"热爱"。面对这样的情况，一床睡衣被子不仅可以充当厚实的被子，也可以连接至上身，方便上肢伸出袖口，以便于人们在寒冬使用电子设备。真是方便！

在厚实宽大的被子上方连上一件厚度相当的外套，开上两个袖口，将被子"穿上身"，也就形成了睡衣与被子的连体一件套。这就是睡衣被子创造法。

（三）睡衣被子创造法应用要领

① 该被子需要装有拉链，便于穿、脱且让使用者被全副武装；② 该被子需要使用柔软舒适的面料，让人躺下时会感觉很舒服；③ 该被子需要贴身以防身体活动时吸入外界冷空气；要领四，该被子需延伸至使用者颈部。

三、轻松发明思想

（一）发明家的思维模式

以发明家的眼光从生活出发，向生活中的各种不方便提出质疑，想出解决问题的方案，并逐步完善。以解决问题为目的，大胆构思各种组装、整合、换位等可行途径，要大胆地想，细心地分析，周到地统筹规划。

（二）发明家的行为模式

有了自己的想法，就要付诸行动，大胆尝试，按照自己的目的选取材料进行拼接组装，一个人的力量若不够可以组成发明小组。分组寻找布料，联系制作方对被子进行裁剪，以"汉堡包"的夹层形式进行加厚，再进一步加以装饰。

（三）参赛者的发明梦想

作为一名发明家，要对自己的作品充满信心。在不远的将来，我的发明将会被人们接受并广泛使用，我也将逐渐以发明为爱好，以传授发明技能为职业，成为一名发明家兼发明讲师，向全世界的青少年传授发明这门学问，让人类真正做到"万众发明，万众创新"。

（四）罗老师点评

学生的发明创造有什么特点？与工业发明创造的区别在哪里？

本书选择的这一百个发明创造案例，是全国各地各类学校学生发明创造的典型代表，其特点是：是发明，是创造，是初级发明创造，也是应用型发明创造。

学生的发明创造与工业发明创造的区别在于结构的简单与复杂，技术水平的低与高。

但是，当这位学生成为工业发明创造设计者的时候，他一定会超越同行。因为他在学生时代就埋下了发明创造的种子，打下了坚实的技术与思维基础。

本发明创造设计包括了连体被子拉链、保暖被袖、被子、使用者穿衣开口、"汉堡式"夹层、保暖棉衣、使用者活动区域等组成部分，结构合理，功能清楚。

本发明创造的主要创新价值是将被子当作衣服。发明创造的最初创意也许不合理，但随着设计的深入，会逐渐趋于合理，但我们十分鼓励青少年大胆想象。将风马牛不相及设计成风马牛怎能不相及？如此，发明创造就其乐无穷。

许霁松同学具有一定的发明创造能力，并建立了自己的应用发明创造思维体系，掌握了发明创造的基本规律，是一位潜力巨大的创新人才。

案例94

可收集、储存和释放热能的多功能恒温衣

向俊汀

可收集、储存和释放热能的多功能恒温衣由向俊汀同学发明。向俊汀同学荣获第15届中国青少年创造力大赛金奖（参赛编号201923154），参赛时就读于四川省遂宁卓同国际学校，现就读于华南理工大学土木工程专业。发明指导教师：罗凡华。

一、轻松发明方案

（一）发明名称：可收集、储存和释放热能的多功能恒温衣

（二）发明方案附图

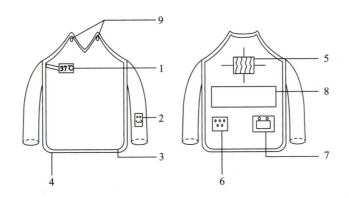

（三）发明方案附图各组成部分说明

各组成部分名称：1. 体表温度计；2. 手动控温区；3. 铝合金热能收集板；4. 双层弹性涤纶；5. 加热板；6. 电能转化插板；7. 能量储存电池；8. 太阳能吸收板；9. 有机洗涤剂。

补充说明：该发明旨在收集夏日或运动时白白散失的能量，将其用于冬日寒冷时发热或转化为电能储存起来。铝合金热能收集板既能高效率地收集热能，质地又软，让人穿着舒适。双层涤纶的弹性衣物紧贴皮肤。所有衣物外壳均由质软材料制成，与普通衣物一样柔软。加热板将铝合金加热，使皮肤均匀受热。太阳能吸收板收集的能量可储存于能量存储电池中，多余的能量还可以在晚上睡觉时为其他电器设备供电。

无须水洗，可喷涂有机洗涤剂自动清洗衣物。

二、轻松发明方法

（一）创造法名称：能量多用创造法

（二）能量多用创造法原理

世界上损失的能量是巨量的。我们需要利用相关的高新技术收集这些损失的能量，并将它们重新利用起来。虽然现如今，清洁能源的开发技术前进了一大步，但我们仍应设法回收并利用损失的能量。这正是能量多用创造法中的"变废为宝""联系生活与现实"理念。

（三）能量多用创造法应用要领

① 发现生活中损耗和未利用的能量；② 利用新技术将这些能量收集、利用；③ 地球上还有很多能量损失，例如，热能、动能、摩擦产热的能耗等；④ 我们要大胆设想如何利用人类目前还无法利用的能量的办法。

三、轻松发明思想

（一）发明家的思维模式

发明家首先要心系社会和国家。发明家发明的初衷是造福社会和人民，促进科技、经济的可持续发展。发明家发现其中不便利的地方，由此为切入点，发明新事物来弥补不足。

（二）发明家的行为模式

发明家要善于观察生活中的不便，谨慎而多方面地思考。发明一个事物需进行多方面思考，考虑生活中很多不便因素，并且反复尝试，不断改进，从而不断完善自己所发明的事物。

（三）参赛者的发明梦想

小时候，我发现爷爷上楼梯很吃力。于是，我便用一根绳子，一头拴在我身上，一头拴在爷爷身上，拉着爷爷上楼。虽然没有多少实际效果，但我们心里都很开心。我梦想以后人们能在日常生活中因使用了我的发明而开心。

（四）罗老师点评

青少年的发明创造重在参与，体验优先、创意为王，其价值就在于发现一个奇妙的创意想法。如果你有一个好的创意，一定要尽快转化成发明创造设计方案。

本发明创造设计包含了体表温度计、手动控温区、铝合金热能收集板、双层弹性涤纶、加热板、电能转化插板、能量储存电池、太阳能吸收板、洗涤剂等组成部分，结构基本合理，功能明确。

为了收集能量，发明创造者向俊汀同学设计了可将热能转化为电能并储存的功能，并详细说明了设计意图，是十分优秀的发明创造方案。

向俊汀同学具有组合创新思维，在短短4个小时的比赛中，就完成了人生的第一个发明创造，充分印证了其在发明创造方面是有天赋的，只是需要一把开启发明创造的钥匙。其实，每个人都可以成为发明家。

案例 95

多功能商务电子手表

杨润一

多功能商务电子手表由杨润一同学发明。杨润一同学荣获第 15 届中国青少年创造力大赛金奖（参赛编号 201901599），参赛时就读于天津市南开中学，现就读于北京理工大学睿信书院信息科学技术专业。发明指导教师：罗凡华。

一、轻松发明方案

（一）发明名称：多功能商务电子手表

（二）发明方案附图

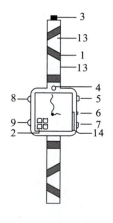
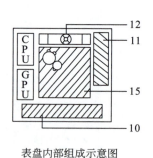

表盘内部组成示意图

（三）发明方案附图各组成部分说明

各组成部分名称：1. 太阳能软质储能块；2. 日期显示区；3. 多用插接头；4. 投影仪；5. 电脑主机开关；6. 时间调整器；7. 夜光灯开关；8. 设置 / 前进；9. 设置 / 后退；10. 电脑集成线路元件；11. 电池；12. 投影元件及摄像头；13. 可拆换表带；14. 微型鼠标；15. 手表内部机械件。

补充说明：组成 1，直接与电池连接，若正午日照充足，其储存的电量可供手表使用 4~5 个月，或供电脑使用 8~9 小时。组成 2，采用美观化设计，上两位数为日期，下两位数为星期，例 12/06 为 12 日 / 周六。组成 3，上部可用于手机充电，采用"闪电"插头，下部可作电源充电，采用"闪电"插口，表带边缘作硬质化处理，上下接合可作表扣。组成 4，切换为电脑使用后须投影到平坦处方可用作显示器。组成 5，长按 10 秒切换到电脑使用模式。组成 7，按钮触感独特，便于夜间使用。组成 14，内含线路的触感鼠标。另外，电脑程序里含有软键盘，也可下载并使用语音输入功能。

二、轻松发明方法

（一）创造法名称：一物多用创造法

（二）一物多用创造法原理

将日常生活中那些功能有相似之处、结构能成功兼容的实物整合到一起，使其不仅具有多种功能，而且具有更便携、易用的特点。

（三）一物多用创造法应用要领

① 融合不同事物的功能于一身，前提是各事物功能须尽量有相似之处（如均需电源），结构大小能成功整合；② 尽量压缩体积，使不同事物经整合后更加便携方便；③ 尽量以各事物原本构件为体系进行制造，便于后期维修。

三、轻松发明思想

（一）发明家的思维模式

作为一个发明家，要善于思考、勤于观察，从生活中获取灵感，多读书，不断拓宽自己的思维广度，使自己保持思维活力，并富有想象能力。对于新奇事物要勤于思考，从原理入手，让自己的思维层次更深，更善于联系不同事物之间的特点。

（二）发明家的行为模式

一个发明家一定要勤于动手，即使自己脑子中只有一个想法，也要将其投入实际中去，不要浪费自己的想法。做出的东西要先投入实践，以此来验证其实用性，然后再作后期改进和推广。

（三）参赛者的发明梦想

一天，受到机器人不怕刀枪冷兵器损害的启发，我梦想着设计人类智能外骨骼，其不仅能保护人类，而且能实现每个人的飞翔梦想。可是，智能化的器械可能不会百分之百顺从人类，故智能芯片抑制器也将随之装配上，当该芯片与人体 DNA 验证后，与智能机器结合时便能优先执行人的思想。

（四）罗老师点评

发明创造就像一次远行，一路灵感迸发，一路驻足留念，这会是一种怎样的感受？本书的每一个发明人，以及他们的发明创造方案，都是发明创造路上的风景点、铺路石，更是人类进步的灯塔，具有预测未来的潜能，具有照亮道路的职能。

多功能商务电子手表由杨润一同学发明，本发明创造设计了太阳能软质储能块、日期显示区、多用插接头、投影仪、电脑主机开关、时间调整器、夜光灯开关、电脑集成线路元件、投影元件及摄像头、微型鼠标、手表内部机械件等组成部分，结构合理，功能强大，对现有的手表具有一定的创新价值，是一个很好的发明创造方案。

杨润一同学具有超前的发明创造水平，具有发明家气质，也许将来可以成为一个有影响力的思想家。

案例96

具有水平检测功能的智能拐杖

倪浩城

具有水平检测功能的智能拐杖由倪浩城同学发明。倪浩城同学荣获第15届中国青少年创造力大赛金奖（参赛编号201811247），参赛时就读于浙江大学附属中学，现就读于浙江大学生物信息学专业。发明指导教师：罗凡华。

一、轻松发明方案

（一）发明名称：具有水平检测功能的智能拐杖

（二）发明方案附图

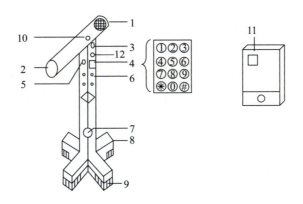

（三）发明方案附图各组成部分说明

各组成部分名称：1.扬声器；2.前置LED灯；3.拐杖总开关；4.拨号盘；5.GPS定位芯片；6.长短伸缩装置；7.重力传感水平检测装置；8.四脚支架；9.减震弹簧；10.信息传递终端；11.信息接收终端；12.显示器。

补充说明：针对空巢老人摔倒后无人求助的现象，我设计了智能拐杖。此拐杖可用于自动检测水平状态，并在主人摔倒时报警，且具有娱乐功能，底座的设计受到了青蛙的启迪。外壳主要由不锈钢制成，把手外覆防滑橡胶。主要功能是检测老人是否跌倒，并提供照明、娱乐、打电话多种功能，GPS自动检测定位。创新部分包括用水平检测装置检测老人是否跌倒，并及时用扬声器报警，GPS实时定位确认老人行走路线与位置。

　　原理说明：关于水平检测装置，在小球上方挂有重力传感器，当拐杖处于水平状态或轻微倾斜状态时，重力传感器上受力状态为全部的重力，但当老人摔倒时，拐杖随之严重倾斜或倒地，其与内壁接触，使重力传感器所受重力减小。由于该拐杖测得的是连续波动的数据，故用芯片对其进行滤波处理。手机上的信息接收终端会与拐杖实时连接，及时有效地反馈老人当时的行走信息。拨号盘设计成方形，是为了方便使用者拨号。

二、轻松发明方法

（一）创造法名称：外物借鉴创造法

（二）外物借鉴创造法原理

　　一个又细又轻的水稻茎能承受高出它自身几十倍重量的稻穗。这主要是因为水稻茎内部复杂且坚固的中空结构。空心钢管的出现，也正是借鉴了这种中空结构。

　　与此同时，大自然有许多物种拥有的独特结构尚未被人们发现并借鉴。若更多地观察大自然万物，人类定能收获更多发明创造的思路。

　　研究地球中现存的生物或非生物，寻找它们适者生存的特征或能长期存在的原因，并对这些因素加以研究、借鉴、利用，创造出新发明，这正是外物借鉴创造法原理。

（三）外物借鉴创造法应用要领

　　① 对平时生活中的生物及非生物的留意与观察，不要错过任何细节；② 从不同角度去看待事物，不要局限于已有的思维体系之中；③ 对已存在的可借鉴的例子，要想想有没有更加完善的改进方法。

三、轻松发明思想

（一）发明家的思维模式

　　对于同一件事物或同一种现象，人们往往只是欣赏其外在美。但发明家则不同，发明家会根据自己已有的知识储备，从更深层次及更科学的角度去深入探讨、发现问题，并从中得到收获。

（二）发明家的行为模式

　　面对水稻茎，发明家会从不同角度探究其为何如此坚固；面对飞鸟，发明家会研究其翅膀的形状大小、骨骼的结构等；面对海洋哺乳动物，发明家会研究其肺部等结构，了解其为何能下潜至海洋深处。这是发明家对自然万物的借鉴，是他们对探究与创新的执着。

（三）参赛者的发明梦想

我的发明梦想是通过自己的创造，优化人们的生活方式。发明并不是为了发明本身而发明，它的意义在于人们对于自身进步的追求，对自身价值的肯定，对内心渴望的追逐。所以，我希望我的发明，可以在诚挚的热情中完成，并对人们产生或大或小的帮助。

（四）罗老师点评

发明创造与发明创造教育的区别在于，一个是自己进行发明创造，一个是培养学生进行发明创造。轻松发明课程，就是发明创造教育的体现，该课程体系已经成功培养了数万名学生发明家，学生发明家也将是发明创造的教育者，在未来，他们也将培养更多的人成为发明家。

本智能拐杖设计了扬声器、前置 LED 灯、拐杖总开关、拨号牌盘、GPS 定位芯片、长短伸缩的装置、由小球与重力传感器组成的水平检测装置、四角支架、弹簧、信息传递终端、信息接收终端、显示器等组成部分，结构合理，功能明确。

有了设计图纸，方案说明，就可以提交给专利局申请专利，也可以交给相关工厂加工制造。罗凡华老师就曾设计了一种太阳能小汽车模型，并将设计图纸交给工厂加工制造了几十万套，作为创造力比赛的指定器材，风靡全国，所以设计图纸很重要，技术说明也很有价值。

发明创造就是对产品的改进，或对产品的局部改进，但关键是要提出发明创造设计方案，将转瞬即逝的奇妙创意转化成可以申请国家专利的发明创造方案和图纸。

具有水平检测功能的智能拐杖由倪浩城同学成功发明。倪浩城同学已经具备创新能力，如果有机会将发明创造交给工厂制造，将会直接造福客户，产生社会效益。

案例 97

人工智能的多功能盆栽培养器

言晓语

> 人工智能的多功能盆栽培养器由言晓语同学发明。言晓语同学荣获第 15 届中国青少年创造力大赛金奖（参赛编号 201811270），参赛时就读于浙江省嘉兴市第一中学，现就读于浙江大学土木工程专业。发明指导教师：罗凡华。

一、轻松发明方案

（一）发明名称：人工智能的多功能盆栽培养器

（二）发明方案附图

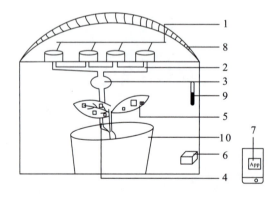

（三）发明方案附图各组成部分说明

各组成部分名称：1. 不同的基本化肥及农药溶液；2. 输送管道及阀门；3. 养分合成反应区；4. 养分传输管道；5. 传感器；6. 数据处理装置及信号发射器；7. 通信与远程控制系统手机软件；8. 感光及照明调节系统；9. 温度计；10. 智能花盆。

补充说明：为实现精准栽培，提高作物存活率，本发明运用人工智能并结合精准灌溉、施肥功能，以及植物基本生长条件，将农业栽培基本要素相组合，设计出本发明。制作材料主要有 PVC 材料、单片机、光敏电阻、热敏电阻。主要功能作用是自动调控盆栽生长环境。主体创新部分是通过人工智能系统精准调控作物生长情况。

二、轻松发明方法

（一）创造法名称：联想契合创造法

（二）联想契合创造法原理

首先确定要设计什么东西，准备将它应用于什么领域，进而联想需要使用到的基本方法和工具，以及可供使用的现代科技，寻找它们的契合点，将它们组合起来，使新发明具有更多的功能，能够更好地适应人们的需求。这就是联想契合创造法原理。

（三）联想契合创造法应用要领

① 明确发明的应用领域，考察已有的工具和技术；② 联想完成某一过程可能需要的工具，并将不同功能契合在一起，实现新的、多种多样的功能；③ 在联想与契合中寻找创新点。

三、轻松发明思想

（一）发明家的思维模式

面对眼前的东西，很多人只会看到其中一方面，而发明家则能联想到与之相关的事物及新兴技术，继而将其巧妙组合，提出发明设想，完成发明方案。

（二）发明家的行为模式

发明家需要有敏锐的观察力，要有举一反三的思考力，能以一个事物联想到多个事物。同时，发明家需要了解该发明的技术背景，最好是亲身经历，并且进行社会调查，以确定该发明是否具有价值，是否具有普适性。

（三）参赛者的发明梦想

人们常在盆栽种植方面受到成活率不高的困扰，本人想通过自己的发明来改善这一现状。于是，本人联想到将现代先进农业技术及人工智能新技术相结合，将滴灌、施肥、远程控制、智能调控等功能相组合，设计并发明了这套人工智能的多功能盆栽培养器。

（四）罗老师点评

30 年前就有学生在发明创造课中设计出新颖的花盆，今天依旧有学生对花盆的设计饶有兴趣。相似的是功能，不同的是结构，实现这个功能的技术细节也不同，各组成部分之间的关系也将有较大变化。因此，相同功能的产品，能够具有各自不同的技术发明价值。

本发明创造设计的结构具有一定的创新，其关键点是设计了不同的基本化肥及农药溶液，以适应不同植物的需要。

为实现精准栽培，提高作物存活率，本发明运用人工智能并联想到灌溉、施肥及植物基本生长条件，将农业栽培基本要素组合，创造出本发明方案。

促进经济发展是发明创造的重要目标，发明创造与经济发明是相互促进的关系，人工智能的多功能盆栽培养器由言晓语同学成功发明，这表明言晓语同学具有创新能力，创新思维水平较高，设计考虑周全，创造能力强。

案例98

人工智能的新物质储存容器

李泽城

人工智能的新物质储存容器由李泽城同学发明。李泽城同学荣获第15届中国青少年创造力大赛银奖（参赛编号201811236），参赛时就读于浙江省杭州市杭州学军中学，现就读于中国矿业大学（北京）材料科学专业。发明指导教师：罗凡华。

一、轻松发明方案

（一）发明名称：人工智能的新物质储存容器

（二）发明方案附图

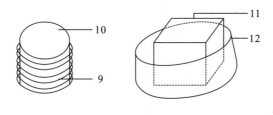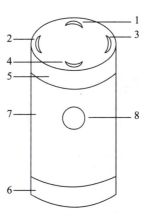

（三）发明方案附图各组成部分说明

各组成部分名称：1. 挂钩；2. 挂钩；3. 挂钩；4. 挂钩；5. 上部；6. 下部；7. 树脂器壁；8. 所储物质；9. 线圈；10. 强磁铁；11. 量子计算机主体；12. 液氮冷却池。

补充说明：当今人们对新物质如反物质，或暗物质的寻找热情达到了一个新高潮，但人们尚不清楚如何去保存或控制这些物质，而新型材料或"场"也许可以做到。主要制作材料包括纳米材料和高强度树脂。主要功能作用是储存有放射性的与正物质接触易发生危险的新物质。创新部分主要包含①使所储物质不与容器接触，用纳米材料防止其辐射到外界；②使用人工智能算法，用量子计算机在液氮环境下计算所储物质的能量参数，实时报告给研究人员；③使用强磁铁使物质悬空。

二、轻松发明方法

（一）创造法名称：自然再现创造法

（二）自然再现创造法原理

很多发明，例如人工智能，对社会产生了巨大的冲击，对社会制度和法律体系都提出了更高的要求。科技进步不会停止，也不会被允许停止，这就要求我们要勇于寻找新思想，开拓新境界去适应快速发展的发明创造。

自然再现创造法是指人们从自然中获得启示，并将学习到的科学原理再现到发明创造中。自然的奥秘无穷无尽，人们要学会置身自然之中去思索，从大自然的角度来思考，从自然界中获得灵感并用来服务于自己的创造与发明。

（三）自然再现创造法应用要领

① 使自己沉浸在自然中；② 然后仔细观察自然，发现它的神奇之处，以及可以为我所用之处；③ 将其应用到发明创造中。

三、轻松发明思想

（一）发明家的思维模式

从现实出发，找出所想之物的所有可能的组成元素，研究它的性质，从一点发散出去，联想一切可能的情况，归纳之后再回到一点，将思维成果交叉融合，得到新想法。

（二）发明家的行为模式

一旦确定方案后，发明家就要坚持不懈，不断地挖掘思想的潜力，在过程中不断调整和完善，不轻言放弃，遇到困难要迎难而上，主动与他人通力合作。

（三）参赛者的发明梦想

我想发明一套智能管理系统，加之以无处不在的传感器，从而实现该系统可以做到在一定区域内，凡使用者大脑所想之物，就能被马上送到眼前。我还想为此打造一个初创公司，使我的发明量产。

（四）罗老师点评

本发明创造涉及领域十分前沿，探索了新物质的保存与控制。作为一个中学生，在进行发明创造时，能涉及前沿科技，十分值得鼓励。如何解决保存或控制这些物质？发明人提出，采用新型材料或"场"，也许可以做到保存或控制这些物质。

使所储物质不与容器发生反应，用纳米材料防止其辐射到外界，使用人工智能算法，用量子计算机在液氮环境下计算所储物质的能量参数，实时报告给研究员，使用强磁铁使物质悬空等。

虽然本发明创造技术尚不成熟，但是具有一定的研究价值。

李泽城同学具有创新能力和创新思维，勇于探索未知领域，并大胆设计了人工智能的新物质储存容器，是一位创造力很强的发明人。

案例99

机房智能可升降式主机批量清洁机器人

李鲲翔

机房智能可升降式主机批量清洁机器人由李鲲翔同学发明。李鲲翔同学荣获第15届中国青少年创造力大赛银奖（参赛编号201923236），参赛时就读于重庆市兼善中学，现就读于西南大学农学与生物科技学院植物科学与技术专业。发明指导教师：罗凡华。

一、轻松发明方案

（一）发明名称：机房智能可升降式主机批量清洁机器人

（二）发明方案附图

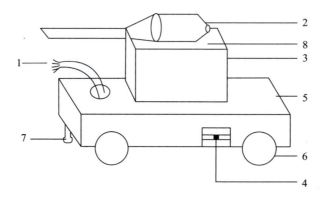

（三）发明方案附图各组成部分说明

各组成部分名称：1.可动式刷子；2.吸尘器；3.集尘盒；4.开关；5.主机箱；6.充气式升降轮胎；7.黑条探测器；8.多功能支架。

补充说明：每次看见机房清洁工特别辛苦地清洁主机，我都希望能有一种东西减轻他们的劳累。本发明的主要制作材料是塑料、纸板、铝合金。用该智能设备清扫电脑主机风扇上的灰尘，能够减少人力付出，规避人工清扫时的各种麻烦，并能根据地面黑条自主选择路径。

二、轻松发明方法

（一）创造法名称：洞察生活创造法

（二）洞察生活创造法原理

在 20 世纪初，大型轮船制造业刚刚兴起不久。人们发现制造的轮船无论如何都无法实现快速行驶，这令人们很伤脑筋。在一次航行中，人们发现硕大的鲸鱼居然游得比轮船快，后来经过人们观察，发现原来鲸鱼的体形很适合在水中高速潜行。

都说创作来自于生活，其实发明的确也是创作，也是来源于生活带来的灵感。所以，洞察生活是发明中必不可少的部分。

在生活中、自然中，有许许多多符合物理、化学、生物规律的现象，这些现象有助于我们去完成甚至创造一些有利于人类生存与发展的东西，这就更需要我们去洞察各种现象的本质与规律。

（三）洞察生活创造法应用要领

积极留意生活中的小细节，在行走时、在闲聊时、在休息时，甚至在上厕所时，都可以进行观察和思考，也许在某一瞬间便会灵光一现，毕竟许多伟大的发明都是发明者在闲聊或休息时，在脑海中闪现出来的。

三、轻松发明思想

（一）发明家的思维模式

一般人看待问题会拘泥于表面，不去深入探索内在联系，而发明家则会抓住核心与本质，如庖丁解牛一般，由浅及深。发明家会洞察每一个细节，不会放过每一次发明的机会。

（二）发明家的行为模式

发明家会不断地挖掘事物的本质，考虑事物与事物之间的联系，不断努力突破眼前的困难。

（三）参赛者的发明梦想

希望有朝一日能登上月球看星星，然后安全返回地球。

（四）罗老师点评

发明创造者与发明创造使用者的区别是什么？发明创造者总在思考如何设计一个新的产品或技术，是产品的设计者、定义者、决策者、决定者，具有高级别的成就感。

发明创造使用者思考的是如何使用产品，产品的性价比如何？品牌知名度怎样？也是因为有了众多的发明创造使用者，才能有发明创造者的用武之地。

　　建设创新型国家的时代号角对发明创造提出了明确的要求，要达到每一万人中拥有五个以上的发明专利，因此发明创造者是实现创新型国家的重要保障，是国家的栋梁之材。

　　本发明创造设计了可动式刷子、吸尘器、集尘盒、开关、主机箱、充气式升降轮胎、黑条探测器、多功能支架等组成部分，结构设计合理。

　　机房智能可升降式主机批量清洁机器人由李鲲翔同学成功发明，说明他具有创新能力和创新思维，是一位成功的发明人，在未来也将成为一个大发明家。

案例100

浴室毛巾自动风干器

李　响

浴室毛巾自动风干器由李响同学发明。李响同学荣获第15届中国青少年创造力大赛金奖（参赛编号201923411），参赛时就读于重庆市第十八中学，现就读于郑州大学北校区国际学院电子信息工程专业。发明指导教师：罗凡华。

一、轻松发明方案

（一）发明名称：浴室毛巾自动风干器

（二）发明方案附图

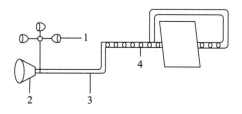

（三）发明方案附图各组成部分说明

各组成部分名称：1. 风向计；2. 大漏斗；3. 软管；4. 毛巾杆。

补充说明：先把一个大漏斗安装在风向计上。用管子和软管把漏斗和挂毛巾的不锈钢管连起来，在不锈钢管上钻多个小孔。因为仪器是装在浴室外通风的地方，加上风向计可以随风转动，所以不管风从哪个方向吹来，漏斗总能对准风的来向，以确保有足够的风进入漏斗。风进入漏斗后就顺着管子吹向浴室内挂毛巾的不锈钢管，然后从不锈钢管上的小孔吹出来。由于每个小孔都是对着毛巾的，因此，毛巾就会在很短的时间内被吹干。

二、轻松发明方法

（一）创造法名称：借助自然创造法

（二）借助自然创造法原理

如同借助风力发电、借助太阳能发电的思路一样，都是借助自然的力量来解决人类生活中的难题。

（三）借助自然创造法应用要领

掌握自然规律，用小工具来完成大设计。了解风能、太阳能、水能，等等这些在我们生活中常见的能量，探明它们可以发挥哪些作用，然后为我们的生活所用。

三、轻松发明思想

（一）发明家的思维模式

当很多人看同一个物品时，发明家会想到如何再加上一个其他物品或功能，并研究它们的结合关系、组合形式，并设法产出发明构想。

（二）发明家的行为模式

善于借助工具观察事物的行为与能力，对于发明者是十分重要的。

（三）参赛者的发明梦想

无论过节或过年，家里都会产生很多垃圾，也因此要用到很多垃圾袋，但是每次更换垃圾袋时都得有"撕、吹、套"的过程，比较烦人。我希望发明一种能自动换垃圾袋的垃圾桶。

（四）罗老师点评

本书的撰写，历时三载，数易其稿，最让我感慨的是发明创造其实可以从简单的结构开始。

在这 30 年的发明创造课程讲授中，我有幸遇见数万名青少年，并成为他们的发明创造启蒙老师，同时也是近两千位普通教师的发明创造课程的启蒙老师。

虽然是初级启蒙，看似轻松，但启蒙的意义就在于可以开启人生的第一次发明创造。如果本书读者可以在阅读该书后产生一个属于自己的第一个发明创造，罗老师创作本书的愿望也就实现了。

发明创造的主要依据是《专利法》，指导发明创造教育的核心也是《专利法》，发明创造者也是《专利法》

的受益者。

　　本发明创造案例的结构设计合理。功能设计实用，其工作原理明确。

　　浴室毛巾自动风干器由李响同学发明，证明李响同学具有创新能力和创新思维，其发明创造成果与本书其他案例一样，均荣获钟南山创新奖暨中国青少年创造力大赛等级奖。能获此殊荣，当铭记一生。希望本书介绍的每一位青少年发明创造者，都能在将来为实现我国创新型国家的目标作出重要的贡献。

第三篇

全国中小学知识产权教育试点示范学校名单

一、首批全国中小学知识产权教育试点学校（排名不分先后）：

中国人民大学附属中学

北京市昌平区南邵中学

天津市实验小学

天津市滨海新区汉沽第九中学

河北省石家庄市第九中学

辽宁省凤城市第一中学

吉林省第二实验学校

黑龙江省哈尔滨市继红小学

同济大学附属七一中学

上海市七宝中学

江苏省江阴市华士实验中学

浙江省杭州市艮山中学

福建省厦门第六中学

福建省福州第三中学

山东省济南市历城第二中学

山东省济南市经十一路小学

河南省第二实验中学

湖南省长沙市长郡芙蓉中学

广东省佛山市南海区九江镇初级中学

广东省佛山市顺德区李伟强职业技术学校

广西壮族自治区南宁市滨湖路小学

广西壮族自治区南宁市第二中学

海南省海南华侨中学

重庆市兼善中学

四川省成都市双庆中学校

云南省昆明市官渡区第五中学

西安交通大学附属中学

西北师范大学附属中学

宁夏回族自治区银川一中

新疆生产建设兵团第二师华山中学

二、第二批全国中小学知识产权教育试点学校（排名不分先后）：

清华大学附属中学

北京市第八中学

天津市第五十四中学

天津市红桥区实验小学

河北省临城中学

山西省陵川第一中学校

内蒙古自治区锡林郭勒盟蒙古中学

东北师范大学附属中学明珠学校

黑龙江省大庆第一中学

上海市第二初级中学

江苏省南京市力学小学

江苏省兴化中学

浙江省瑞安市新纪元实验学校

浙江省湖州市吴兴实验中学

安徽省阜阳科技工程学校

福建省福安市逸夫小学

江西省九江第一中学

青岛大学附属中学

山东省烟台第三中学

河南省濮阳市油田第六中学

湖北省襄阳市诸葛亮中学

湖南省株洲市第二中学

湖南省长沙市天心区沙湖桥小学

广东省佛山市顺德区陈村职业技术学校

广西壮族自治区柳州市文惠小学

重庆市渝北中学校

云南省昆明市第八中学

贵州省贵阳市第三实验中学

宁夏回族自治区银川市二十一小学

新疆生产建设兵团石河子第一小学

三、第三批全国中小学知识产权教育试点学校（排名不分先后）：

北京市十一学校

北京市第十二中学

北京市海淀区民族小学

天津市耀华中学

天津市第四十一中学

河北省邯郸市汉光中学

山西省太原市第二十七中学校

内蒙古自治区呼和浩特市第二中学

内蒙古自治区通辽第五中学

内蒙古自治区赤峰市松山区红旗中学松山分校

辽宁省大连市一一二中学

吉林省长春市十一高中

吉林省延吉市中央小学校

黑龙江省黑河市黑河小学

上海市致远中学

上海市杨浦区齐齐哈尔路第一小学

江苏省苏州工业园区工业技术学校

江苏省锡山高级中学

江苏省南通师范学校第一附属小学

浙江省宁波市鄞州区同济中学

安徽省铜陵市中等职业技术教育中心

安徽省马鞍山市第七中学

福建省厦门外国语学校

福建省永安市第一中学

福建省泉州市第七中学

江西省南昌市第二中学

山东省郓城第一中学

山东省高密市第三中学

山东省枣庄市薛城区奚仲中学

河南省郑州市第十二中学

湖北省武汉市第六中学

湖北省武汉市吴家山中学

湖北省武汉市洪山区南望山小学

湖南省长沙市周南梅溪湖中学

广东省佛山市顺德区中等专业学校

广西师范大学附属中学

广西壮族自治区南宁市第三十一中学

海南省海口市第四中学

重庆市巴川中学校

重庆市第八中学校

重庆市潼南区梓潼小学校

四川省攀枝花市大河中学校

四川省绵阳东辰国际学校

贵州省盘州市第二中学

云南省昆明市官渡区南站小学

陕西省西安市铁一中学

甘肃省兰州市第六十二中学

青海省西宁市第五中学

宁夏回族自治区银川唐徕回民中学

新疆维吾尔自治区奎屯市第二中学

新疆生产建设兵团第三中学

新疆生产建设兵团石河子第十中学

四、第四批全国中小学知识产权教育试点学校（排名不分先后）：

北京市第四中学

北京市大兴区第六小学

天津市第一〇二中学

天津市第四十三中学

山西省太原市永乐苑阳光双语小学

内蒙古自治区鄂尔多斯市蒙古族中学

内蒙古自治区呼和浩特市第一中学

辽宁省大连市中山区中心小学

吉林省长春市吉大附中力旺实验中学

吉林省长春市东师中信实验学校

黑龙江省哈尔滨市花园小学

黑龙江省鸡西市第一中学

上海外国语大学附属大境中学

上海市奉贤中学

上海市宝山区通河新村第二小学

江苏省启东中学

江苏省海门市能仁中学

浙江省杭州市文三教育集团（总校）文苑小学

安徽省芜湖市第三中学

安徽省马鞍山博望中学

福建省厦门市杏南中学

福建省南平市剑津中学

江西省吉水中学

江西省南昌市第三中学

山东省济北中学

山东省济南市育英中学

山东省章丘市第四中学

河南省郑州市高新区外国语小学

河南省南阳市第一中学校

湖北省武汉市吴家山第三中学

湖北省荆州市公安县第一中学

湖北省宜昌市第一中学

湖南省常德市芷兰实验学校

湖南省益阳市南县第一中学

广东省中山市中山纪念中学

广东省佛山市顺德区郑静诒职业技术学校

广东省深圳市福田中学

广西壮族自治区南宁市第一中学

广西壮族自治区柳州市景行小学

海南省海口市第一中学

重庆市綦江中学

四川省绵竹市遵道学校

四川省乐山市外国语学校

贵州省黔南州都匀市第四完全小学

云南省昆明市官渡区关上实验学校

云南省昆明市官渡区东站实验学校

陕西省西安中学

甘肃省兰州市第五十一中学

甘肃省靖远县第一中学

青海省西宁市第二中学

宁夏回族自治区银川市第九中学

新疆生产建设兵团第八师石河子第二十中学

新疆生产建设兵团第五师八十六团第一中学

五、首批全国中小学知识产权教育示范学校（排名不分先后）：

中国人民大学附属中学

北京市昌平区南邵中学

天津市实验小学

天津市滨海新区汉沽第九中学

吉林省第二实验学校

黑龙江省哈尔滨市继红小学

同济大学附属七一中学

上海市七宝中学

江苏省江阴市华士实验中学

福建省福州第三中学

山东省济南市历城第二中学

山东省济南市经十一路小学

河南省第二实验中学

湖南省长沙市长郡芙蓉中学

广东省佛山市南海区九江镇初级中学

广东省佛山市顺德区李伟强职业技术学校

广西壮族自治区南宁市滨湖路小学

海南省海南华侨中学

重庆市兼善中学

四川省成都市双庆中学校

云南省昆明市官渡区第五中学

西安交通大学附属中学

西北师范大学附属中学

宁夏回族自治区银川一中

新疆生产建设兵团第二师华山中学

（注：以上名单若有变动则以国家知识产权局官方网站 www.cnipa.gov.cn 公布为准。）